我的微生物朋友

海洋的秘密

[澳]艾尔莎·怀尔德 著　[澳]阿维娃·里德 绘　兆新 译

[澳]布里奥妮·巴尔　[澳]格里高利·克罗塞蒂　[澳]琳达·布莱克尔教授 联合策划

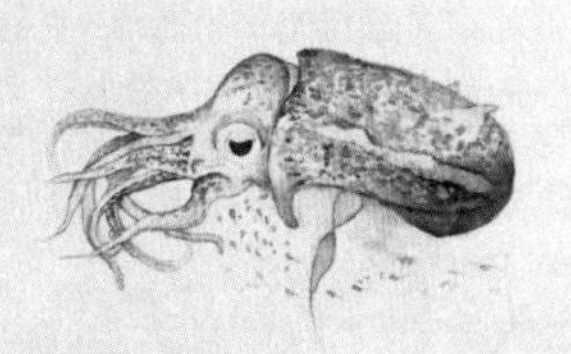

中国水利水电出版社
www.waterpub.com.cn
·北京·

内 容 提 要

本书通过费氏弧菌帮助短尾乌贼在月光下发光的故事，讲述了微生物和更大的生命形式之间的共生关系，让孩子轻松了解海洋中微生物的知识，学会观察、爱和敬畏那些细小的生命。

图书在版编目（CIP）数据

我的微生物朋友．海洋的秘密／（澳）艾尔莎·怀尔德著；（澳）阿维娃·里德绘；兆新译．-- 北京：中国水利水电出版社，2020.6（2021.10重印）
ISBN 978-7-5170-8635-2

Ⅰ．①我… Ⅱ．①艾… ②阿… ③兆… Ⅲ．①海洋微生物－儿童读物 Ⅳ．①Q939-49

中国版本图书馆CIP数据核字(2020)第106356号

The Squid, the Vibrio & the Moon

书　　名	**我的微生物朋友　海洋的秘密** WO DE WEISHENGWU PENGYOU　HAIYANG DE MIMI
作　　者	[澳]艾尔莎·怀尔德 著　[澳]阿维娃·里德 绘　兆新 译 [澳]布里奥妮·巴尔　[澳]格里高利·克罗塞蒂 [澳]琳达·布莱克尔教授 联合策划
出版发行	中国水利水电出版社 （北京市海淀区玉渊潭南路1号D座　100038） 网址：www.waterpub.com.cn E-mail：sales@waterpub.com.cn 电话：（010）68367658（营销中心）
经　　售	北京科水图书销售中心（零售） 电话：（010）88383994、63202643、68545874 全国各地新华书店和相关出版物销售网点
排　　版	北京水利万物传媒有限公司
印　　刷	郎翔印刷（天津）有限公司
规　　格	250mm×220mm　12开本　4印张　23千字
版　　次	2020年6月第1版　2021年10月第2次印刷
定　　价	49.80元

两种不同的生物共同生活在一起，密切关联，互相依赖。倘若彼此分开，双方或其中一方就无法生存。

在过去的40多亿年里，微生物将地球塑造成了我们现在所熟悉和热爱的家园。这个生物圈里，有多种多样的生物，也有多种多样的地质条件，丰富极了。

通过一系列的共生体，微生物与地球上所有类型的生命合作，当然也有人类。大家一起创造了一个崭新的自然世界。虽然有的共生关系会造成一定的伤害，但大多数是有益的。

生命通过竞争得以进化，只是故事的一部分。其实啊，生命更多的是靠合作。

这本书的创作得到了澳大利亚微生物学会的支持

谨以此书献给林恩·马古利斯（1938—2011）

他是微生物共生理论的伟大提出者之一

玛格丽特·M. 恩盖　摄

这个故事里的短尾乌贼很小。

这张照片显示的是一只成年短尾乌贼的大小。

第一部分
阿里的历险

阿里甩甩尾巴，游到离短尾乌贼卵更近的地方。

“它们马上就要孵出来了！”迈伊喊道。

短尾乌贼的身体可是她俩的完美家园！

她们在那里会很安全……只要能游进去。

“跟我来，”迈伊说，“我以前成功过呢！”

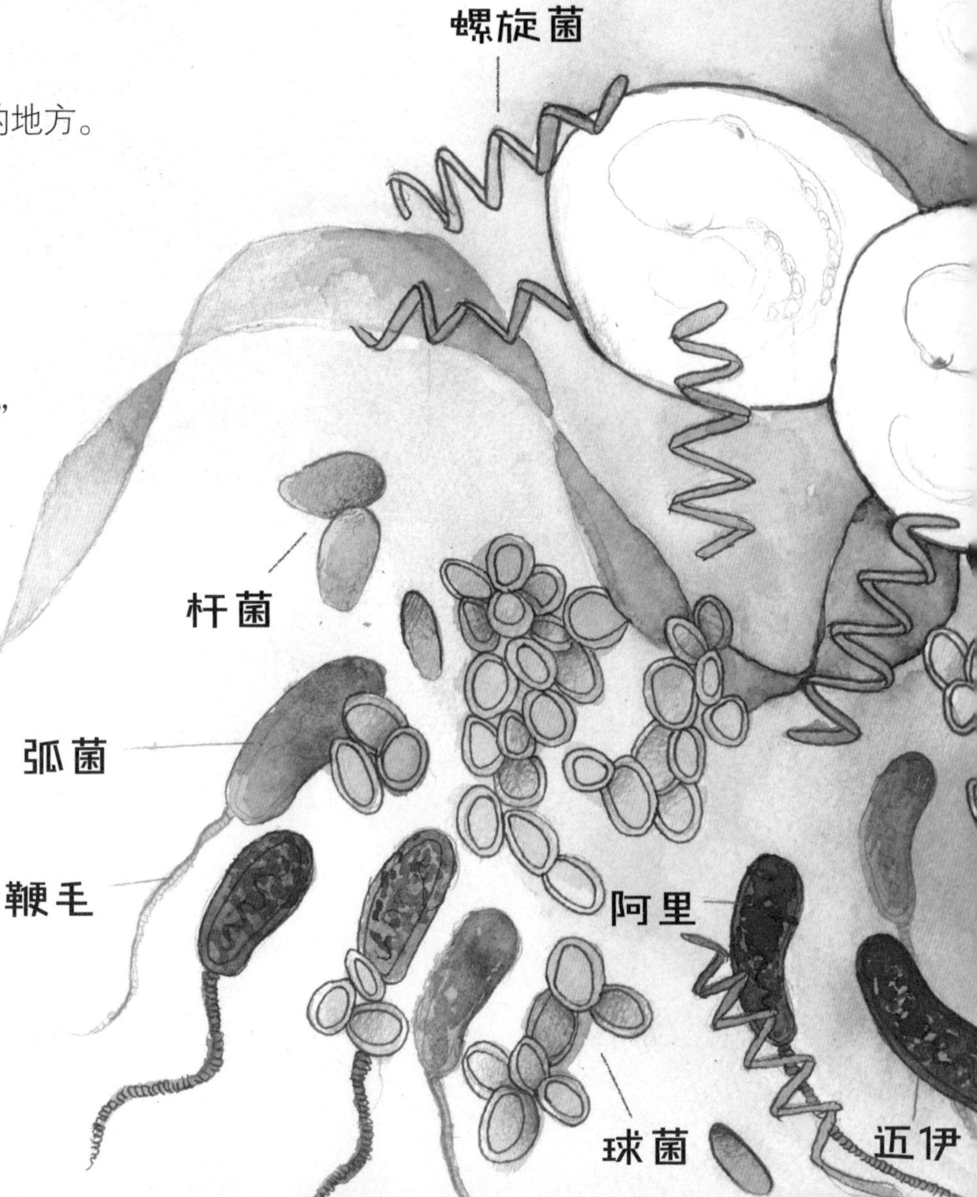

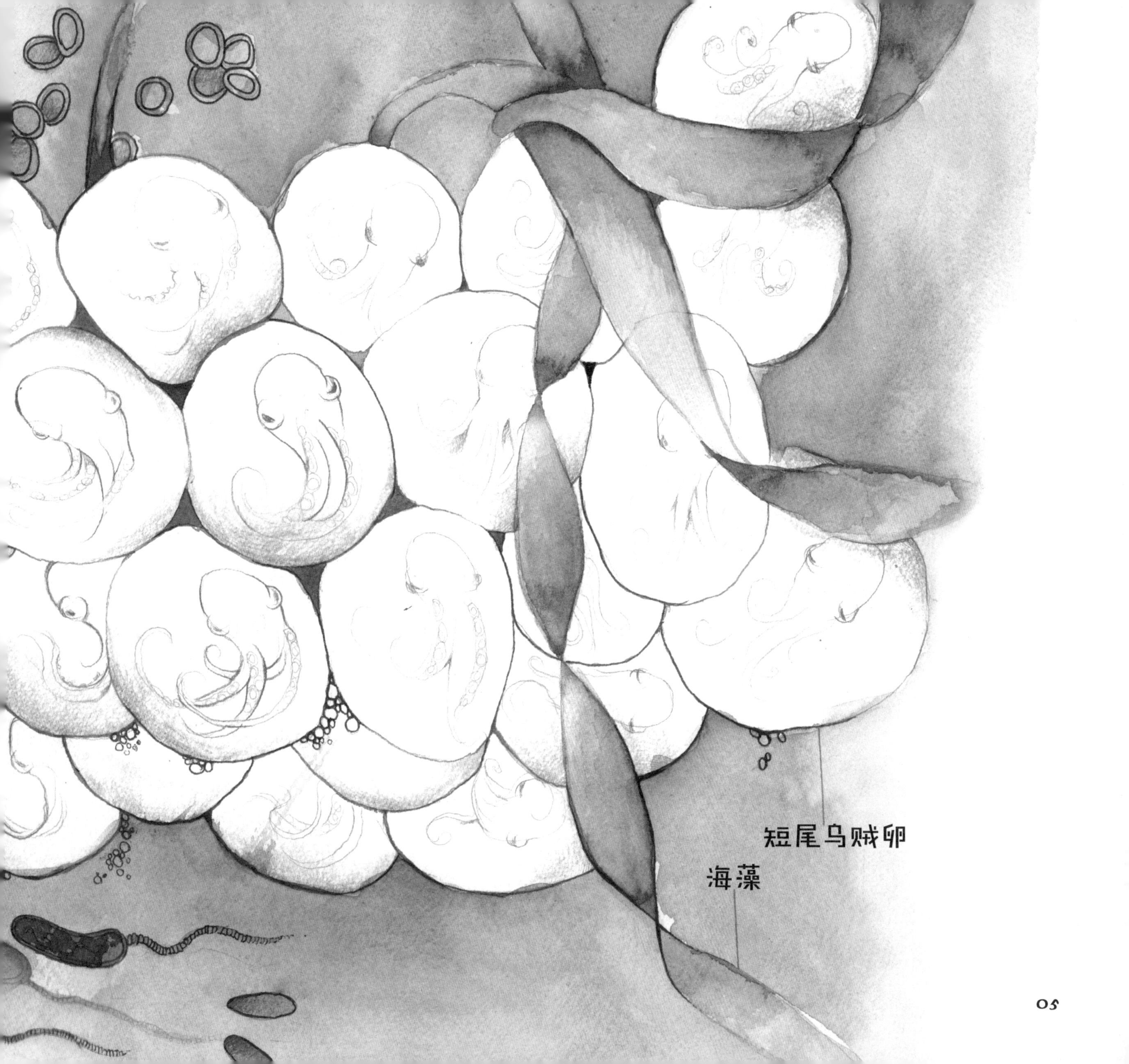
短尾乌贼卵
海藻

但是巨大的、毛茸茸的原生动物，

在她们背后发起了攻击。

阿里吓坏了！

原生动物正在吞食她的家人。

阿里只能赶快逃走。

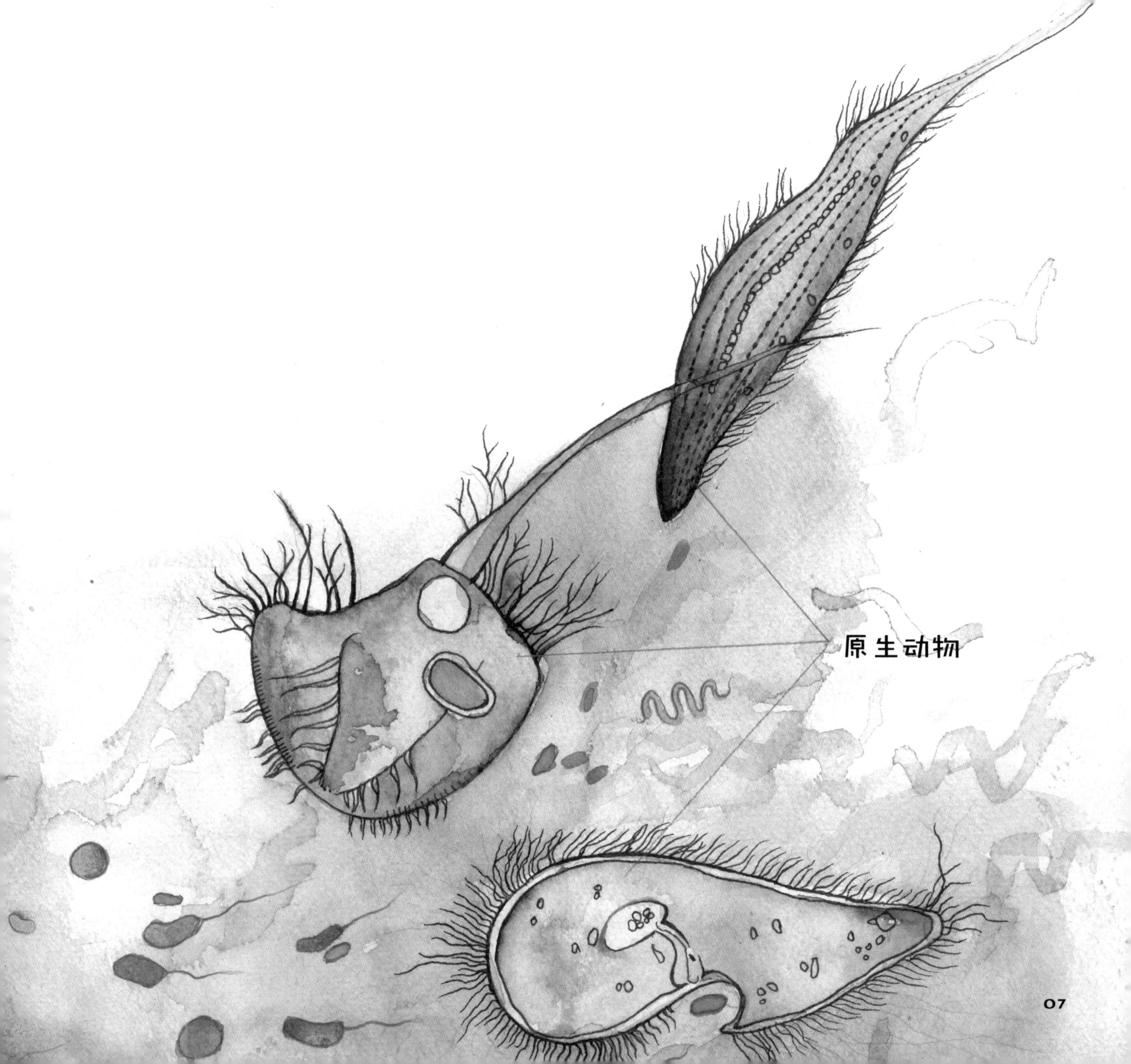
原生动物

一枚卵破裂了，

一只巨大的短尾乌贼自由地扭动着身子。

机会来了！

“快，”迈伊大喊，“跟紧我！”

她们和其他上百种细菌一起，

朝短尾乌贼飞快地游去。

原生动物穷追不舍，

仍然在她们背后袭击。

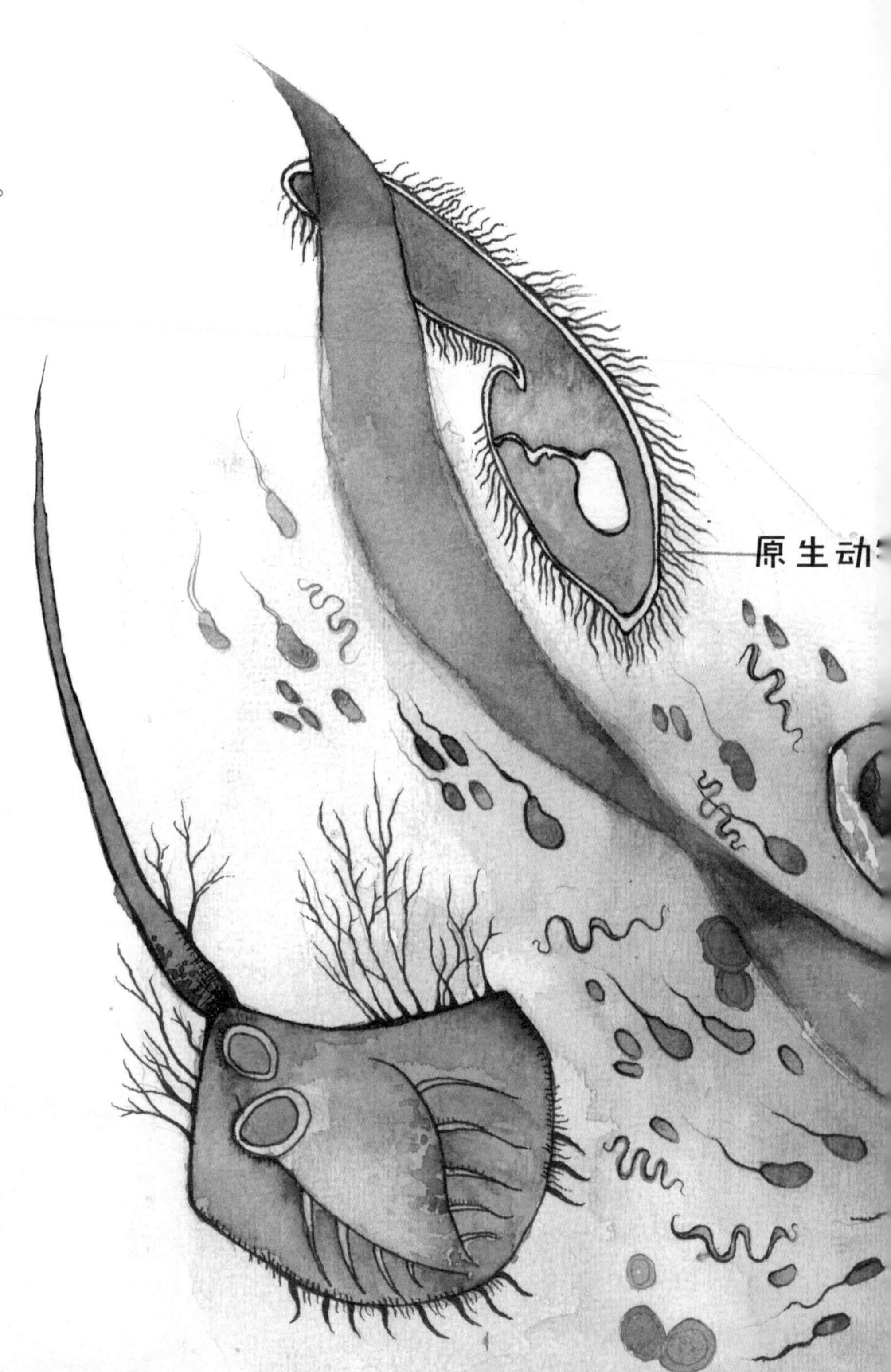

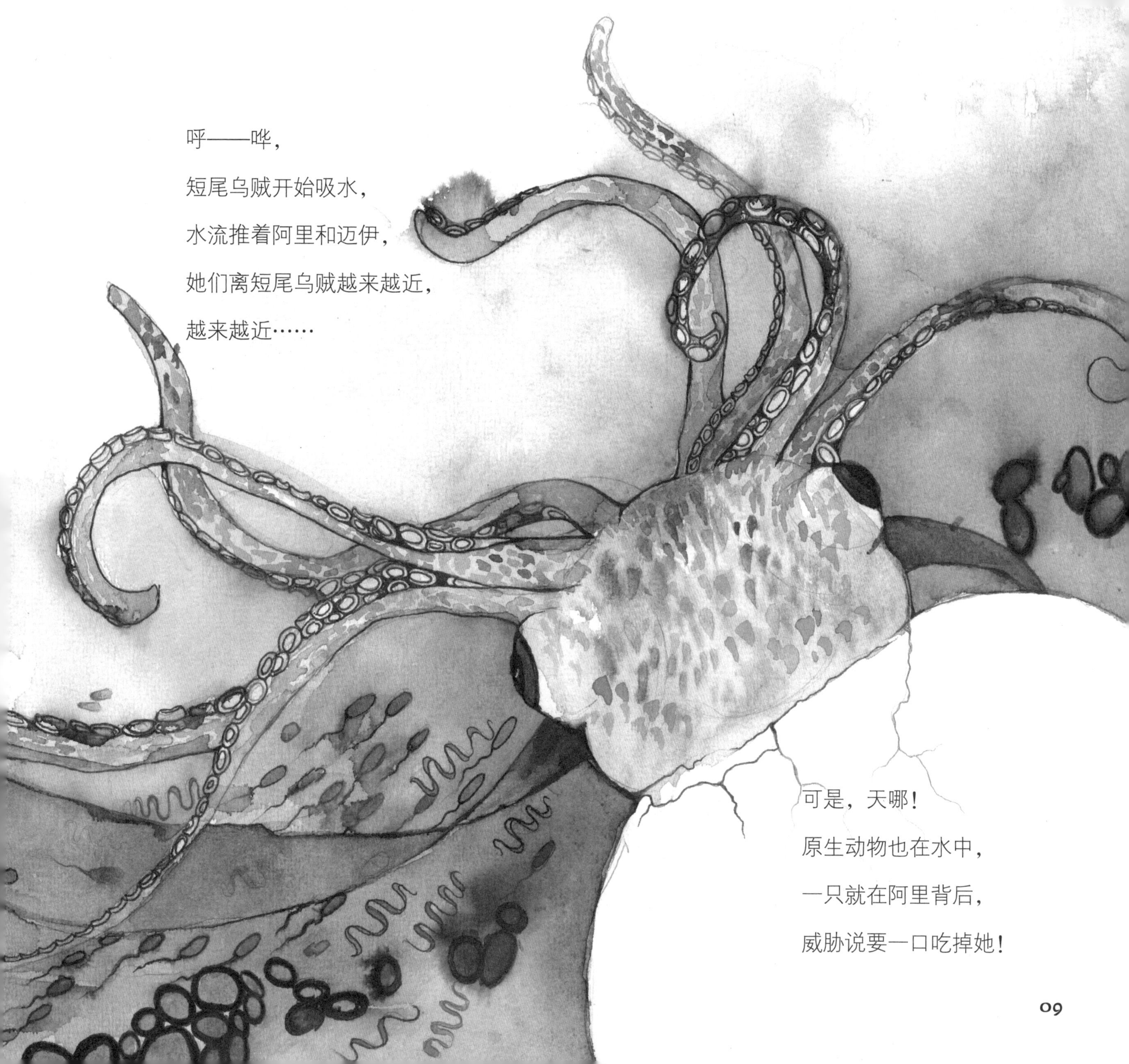

呼——哗，

短尾乌贼开始吸水，

水流推着阿里和迈伊，

她们离短尾乌贼越来越近，

越来越近……

可是，天哪！

原生动物也在水中，

一只就在阿里背后，

威胁说要一口吃掉她！

噗！

短尾乌贼泵出一团稠糊糊的黏液，

把原生动物挡了回去。

但是黏液没有挡住阿里。

她向黏液冲刺，游得更努力了。

可是，黏液太稠了，

阿里的速度慢了下来。

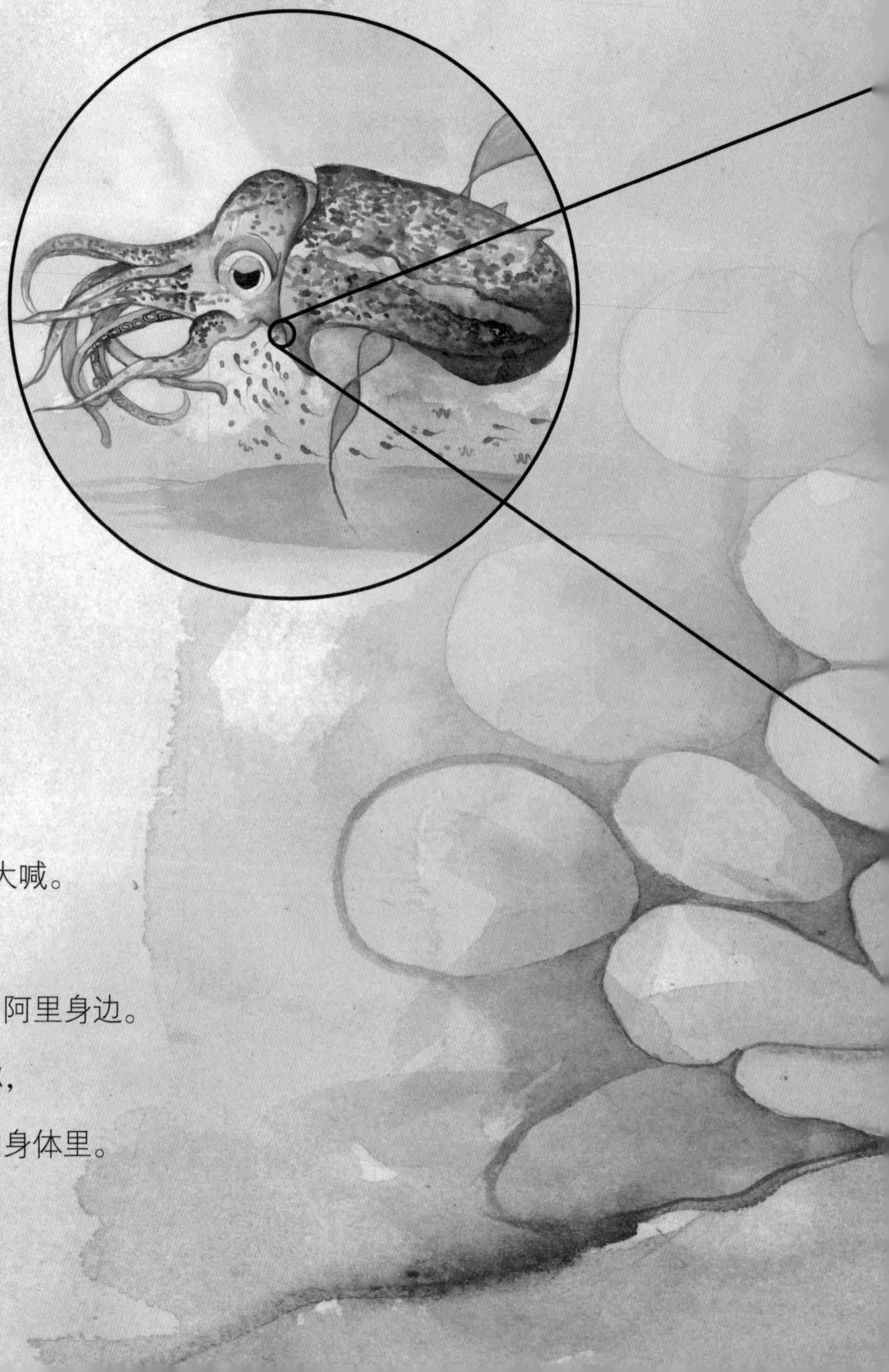

“一起，咱们必须一起行动！”迈伊朝她大喊。

她们都是费氏弧菌。

这时，有一个叫斯皮瑞的螺旋菌，游到了阿里身边。

她们一起努力地向前游，你帮我，我帮你，

终于穿过了可怕的黏液，进入短尾乌贼的身体里。

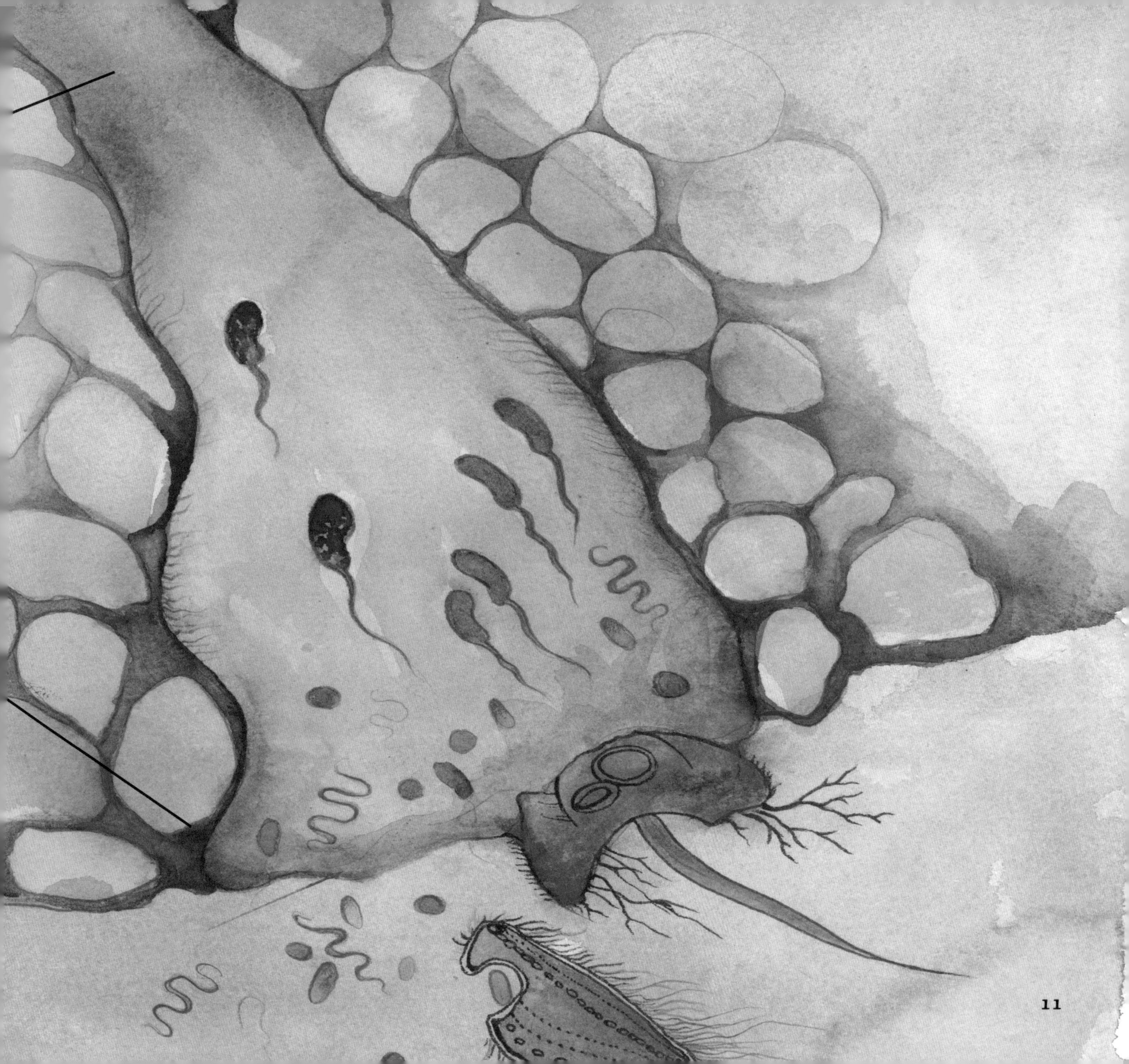

一个巨大的阴影向他们压来。

“站住！”那家伙吼道。

“我是吞噬细胞。除非你们是费氏弧菌，否则立刻停下！”

他杀死了很多细菌，细菌的尸体都粘在他的身上。

阿里感到恶心，她害怕极了。

“伟大的吞噬细胞，”迈伊讨好地说，

“这里只有费氏弧菌，没有别的细菌。请让我们通过吧！”

吞噬细胞伸出触手，检查迈伊有没有说谎。

可是斯皮瑞怎么办？阿里很为她担心。

吞噬细胞的触手伸过来，聪明的斯皮瑞灵巧地躲开了。

他只摸到了阿里的细胞膜。

自信的吞噬细胞认为她们都是费氏弧菌，全部放行！

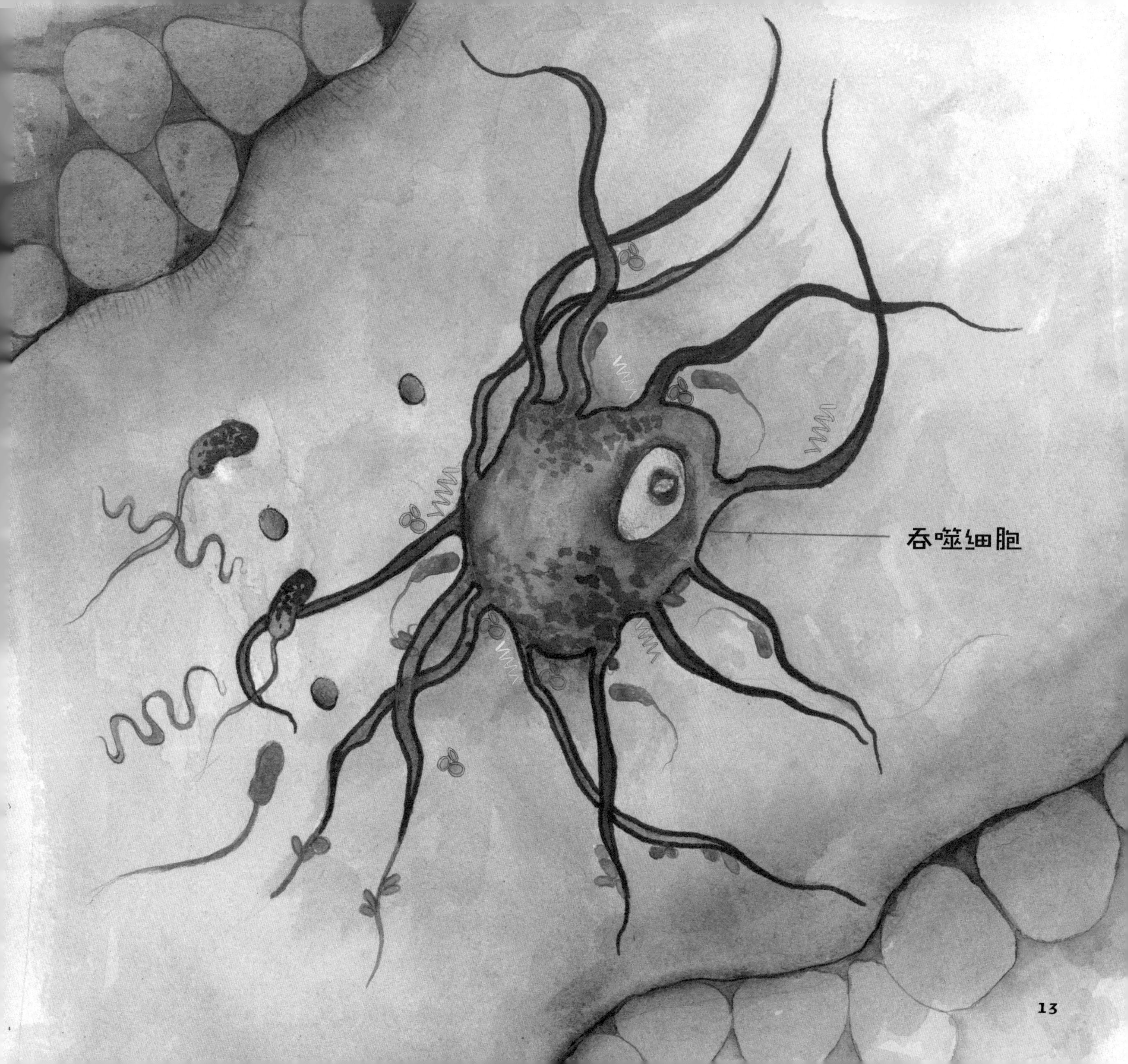
吞噬细胞

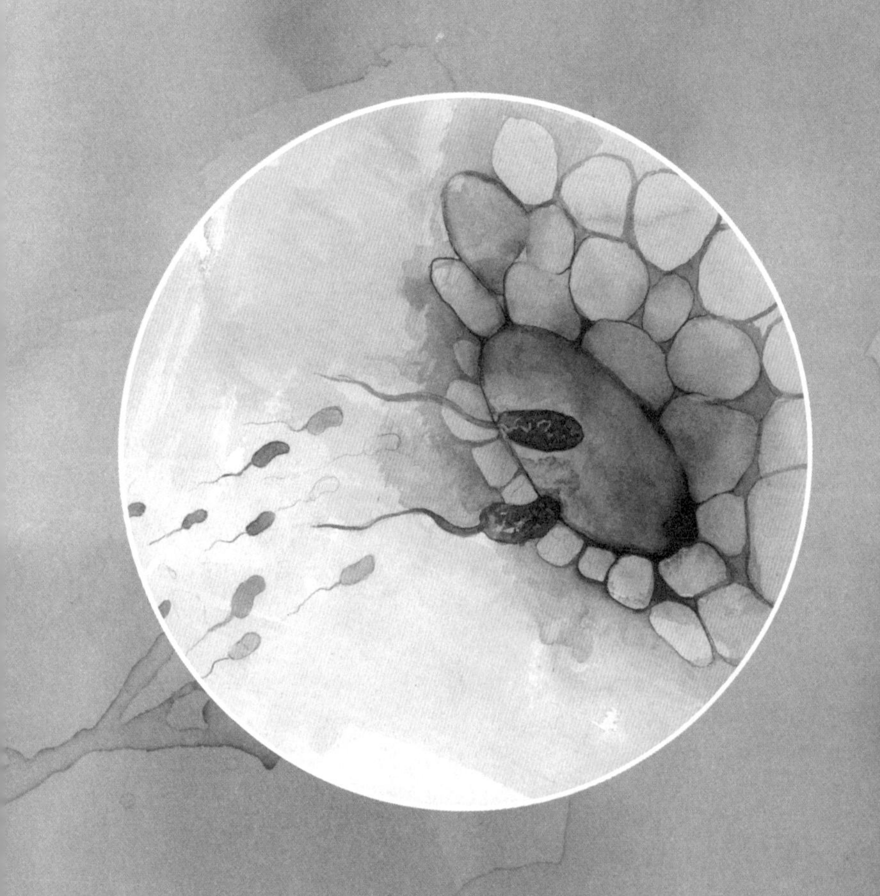

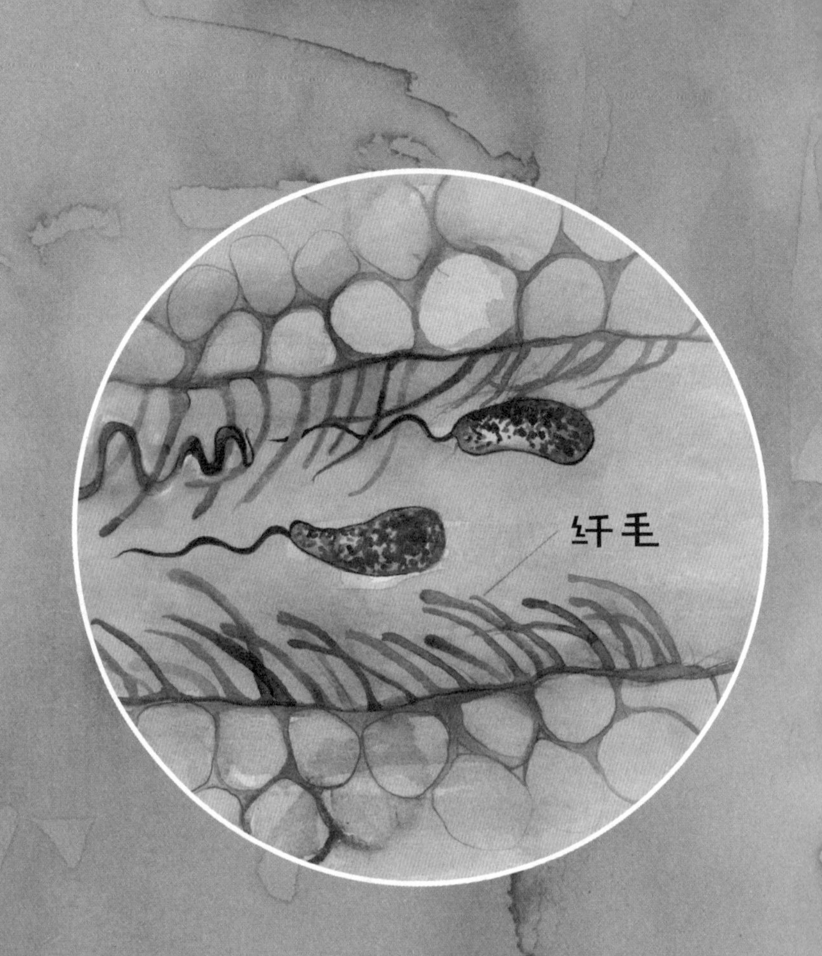

她们终于找到了一个导管的入口，

入口非常狭窄，

她们只能排队躲进里面。

导管两旁布满微小的蠕动的纤毛，

她们必须逆流而行。

危险来临！

导管壁开始分泌化学物质。

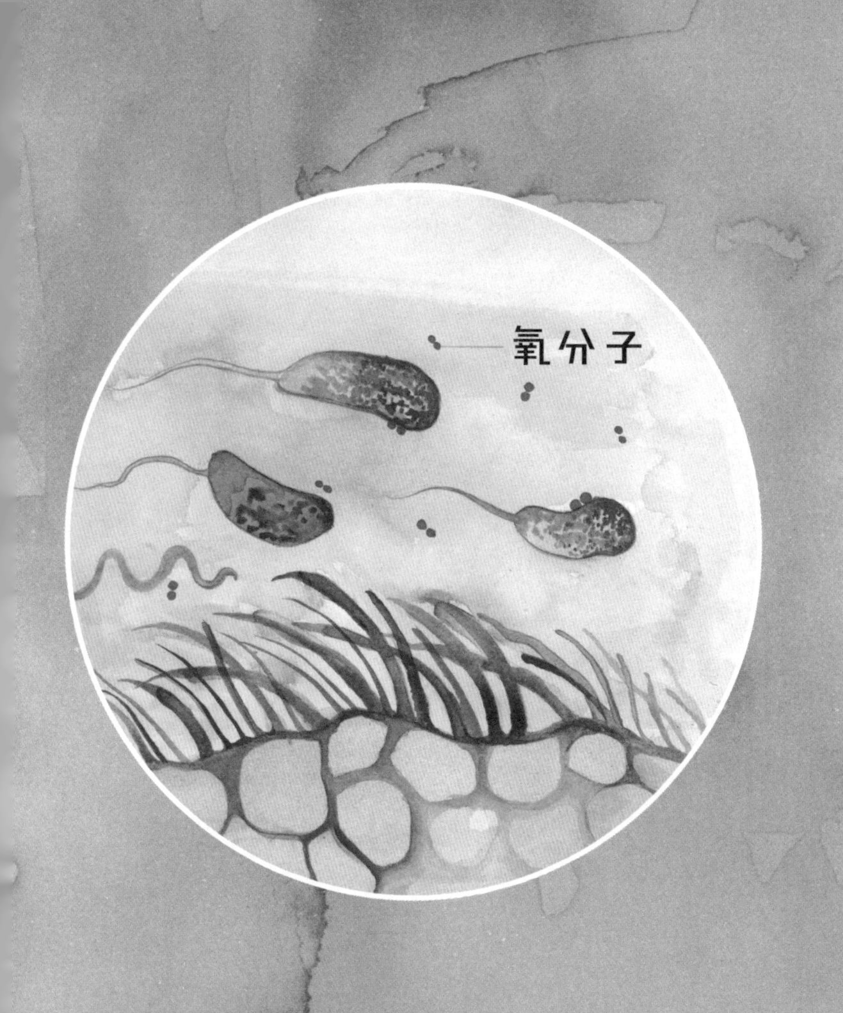

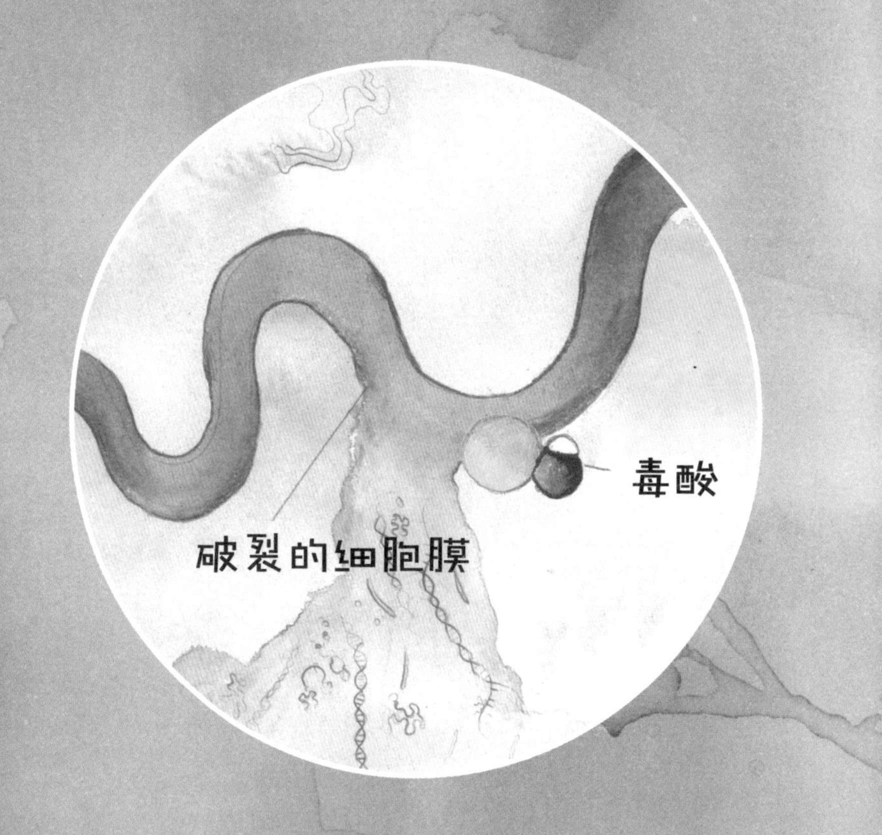

“快！”迈伊紧张地说，

“快抓住氧分子，不然它们就会变成有毒的酸！”

阿里和迈伊马上推着细胞膜，

紧紧靠近氧分子，还把氧分子吞了下去。

但是，斯皮瑞的动作太慢了，

她已经被毒酸包围了。

她的细胞膜破裂了，

碎片落进了通道里。

斯皮瑞死了。

等化学物质慢慢消散的时候，

阿里又累又饿。

她悲伤极了，

但她只能不停地游啊，游啊……

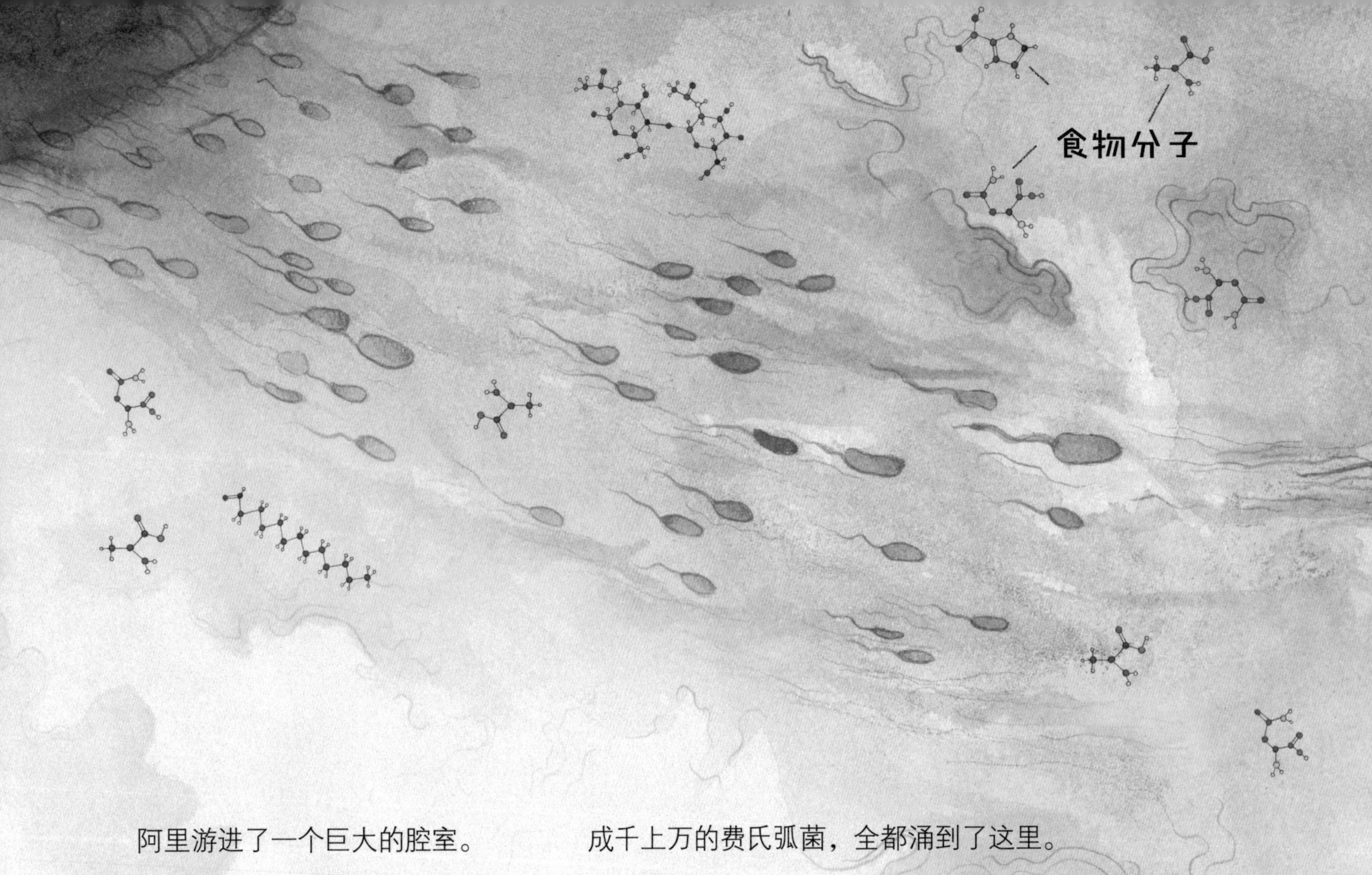

阿里游进了一个巨大的腔室。

这里到处都是食物，

阿里终于感到安全了。

太完美了！

她可以在这里繁殖子细胞。

成千上万的费氏弧菌，全都涌到了这里。

阿里释放出很多化学信号分子，

向大家问候："你好，你好。"

她得到了好多好多回复，比任何时候都多。

她从来没有像现在这样，

与这么多的家族成员在一起。

阿里又新奇又兴奋，同时，她的身体开始发生变化。

化学信号分子

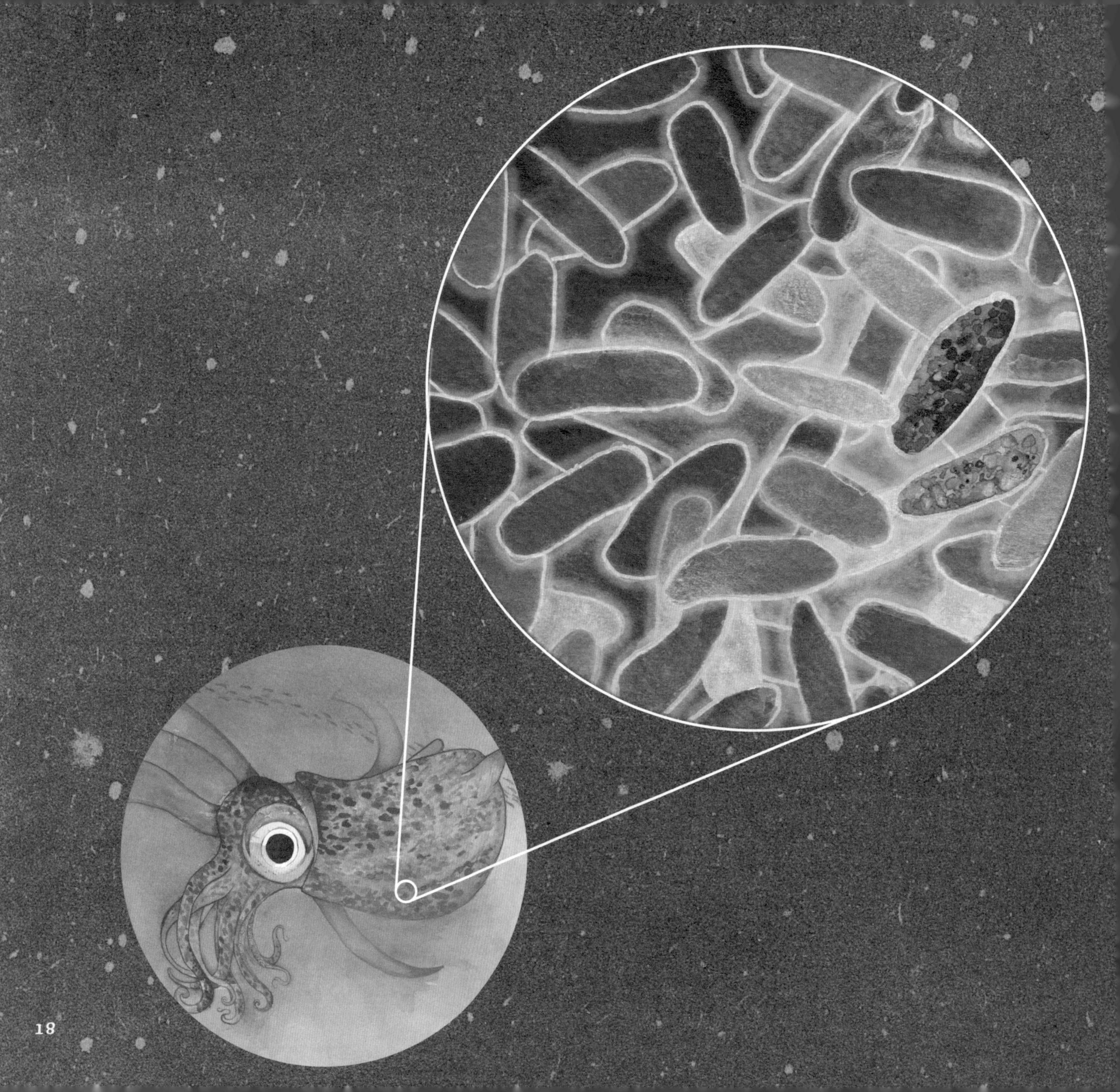

她的边缘，

亮起一丝丝银蓝色的光。

阿里在发光。

一个，两个，

成千上万个费氏弧菌都亮起来了。

一道明亮的涟漪掠过，

短尾乌贼的肚子变成了第二个月亮。

第二部分
塞皮奥的第一天

短尾乌贼塞皮奥已经长得够大了。

大得能从卵中出来啦。

他推开卵壁。

卵破了。

海水流过他的身体，

银色的月光洒在海面上。

他把凉爽的海水吸进外套膜里。

哇哦，味道棒极了。

塞皮奥在水底的沙滩上等着，
透过水面看摇曳的月亮。
他的兄弟姐妹们一个接一个地从卵里出来了。

他好饿啊。
这时，一些小虾从他上方游过，
他追了上去，
这可是他的第一顿美味。

下面的沙滩上，
塞皮奥的影子越来越大。
他巨大又弯曲的黑影子，
在明亮海面的映衬下，简直太清楚了。

突然，塞皮奥僵住了，
他的触腕像海藻一样，
不由自主地晃来晃去。

究竟发生了什么？

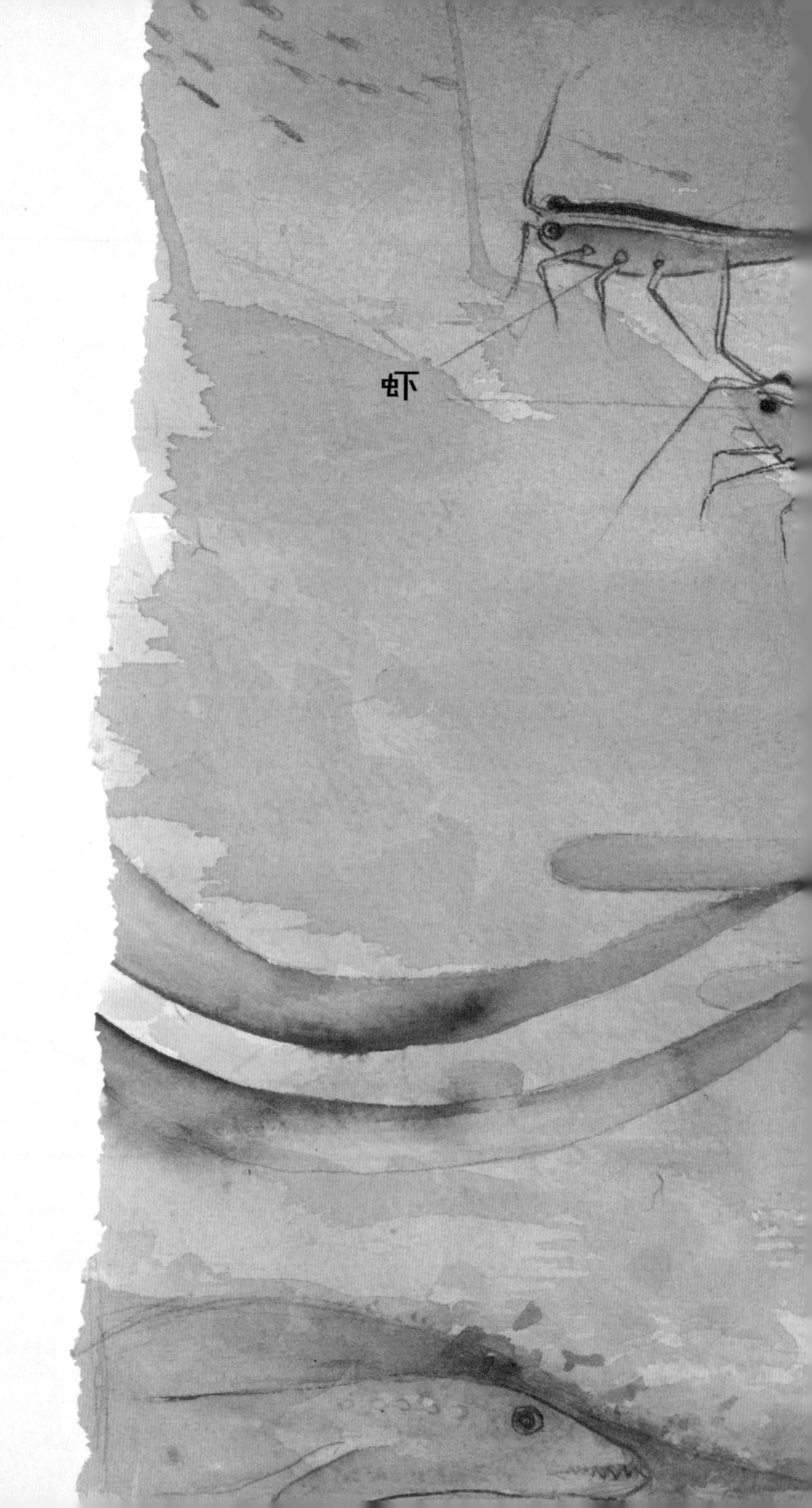

头部（头）
腕（足）

一条巨大的蜥蜴鱼扑了过来，他张着血盆大口，

有一嘴尖利的牙齿，甚至舌头上也有利刺，十分可怕。

塞皮奥吓得赶紧喷水，“嗖”地一下逃跑了。

但蜥蜴鱼仍然在靠近他，太危险了。

塞皮奥重新寻找机会，

他喷出一团和自己身体大小差不多的墨汁，赶快逃走。

“啪！”蜥蜴鱼去攻击墨汁云，

但他好像什么都没咬到。

塞皮奥的小把戏成功了。

他静静地躲在海藻里，直到蜥蜴鱼离开。

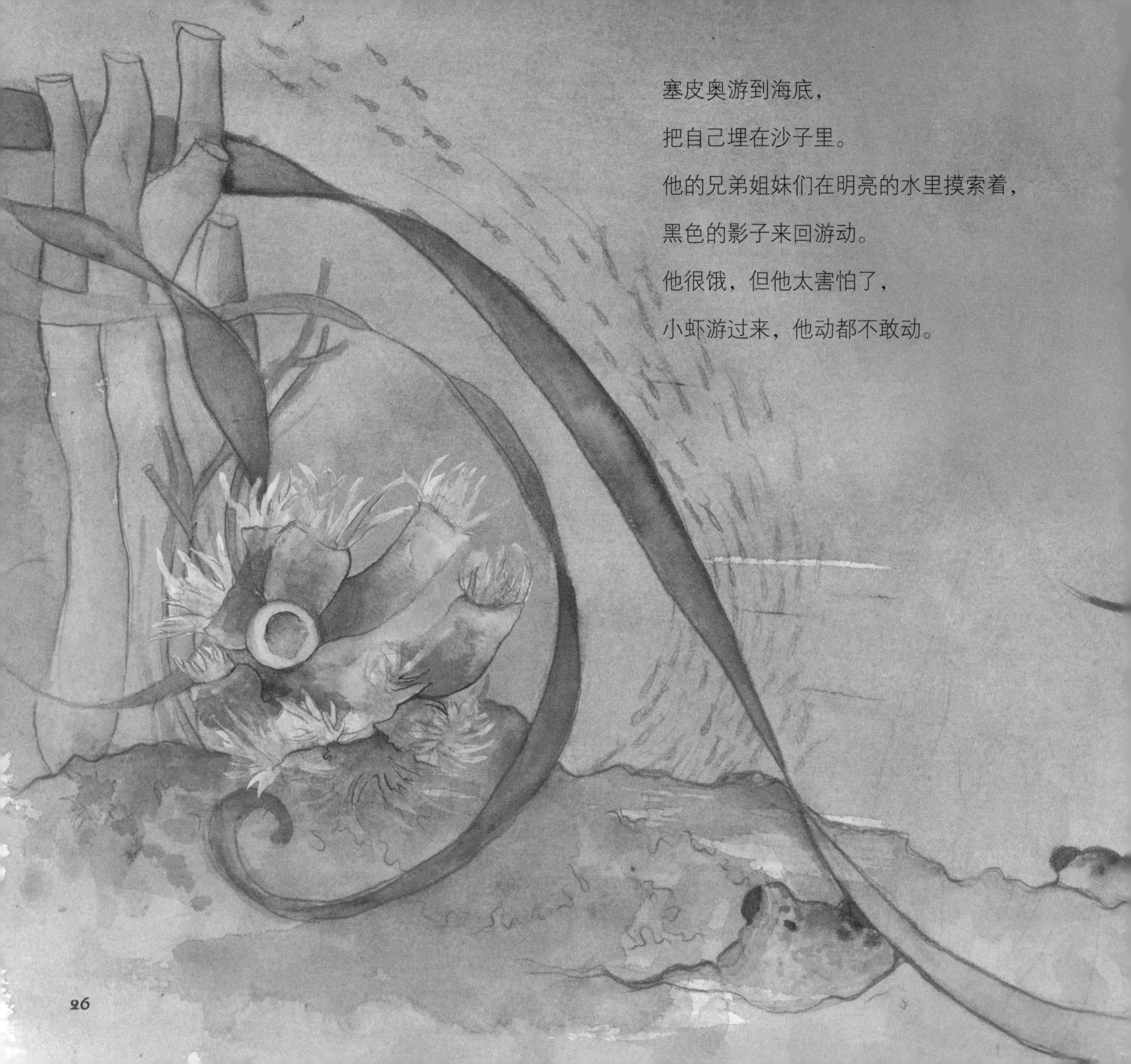

塞皮奥游到海底，

把自己埋在沙子里。

他的兄弟姐妹们在明亮的水里摸索着，

黑色的影子来回游动。

他很饿，但他太害怕了，

小虾游过来，他动都不敢动。

不知是谁从岩石上一跃而起，

漩涡变暖，很快又变得凉凉的。

一个巨大的影子突然出现，

正在向他们靠近。

这是一只僧海豹，他有一双锐利、明亮的眼睛。

僧海豹发现了塞皮奥家族的身影，立刻发起攻击。

他“嘎吱”一下，就咬碎了一只短尾乌贼宝宝。

塞皮奥吓坏了，
把自己埋得更深了，
僧海豹不停地吞食着他的家人。
塞皮奥等啊，等啊，
直到僧海豹离开，
才敢从沙子里出来。

塞皮奥太饿了，
实在无法抗拒虾的诱惑。
他换了个姿势，
吸进一些氧气，
身体里的某些东西开始改变。

他感到肚子里，
有一种奇怪的震颤。

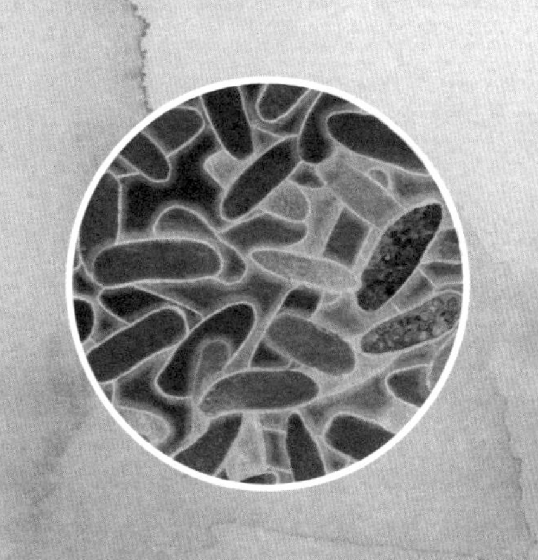

原来是成千上万的费氏弧菌小朋友！

她们开始在塞皮奥体内发光，

塞皮奥闪烁着银蓝色的光芒。

他不再是月光下一个黑黑的轮廓。

他不再投下影子了。

这个聪明的家伙，

为自己创造了一件发光的隐形衣。

一条蜥蜴鱼游到他身下的沙子上，

哈哈，但他看不见塞皮奥。

一只虾游过来，塞皮奥抓住它，

赶快吃了下去。

他把糖啦，氨基酸啦等食物分子送进腔室，

养活阿里和她的家族。当然啦，

阿里和她的家族也帮助塞皮奥发光，

让他能安全地捕食，

他们互帮互助，一起生活。

故事背后的科学

共生意味着一起生活

短尾乌贼与费氏弧菌有着终生的共生关系。短尾乌贼为费氏弧菌提供食物和一个安全的家。作为回报，费氏弧菌会为宿主短尾乌贼发光，帮助它在月光下消除自己的影子，在捕食者面前成为“隐形”短尾乌贼。

“短尾乌贼开始吸水，水流推着阿里和迈伊，她们离短尾乌贼越来越近，越来越近……”

（第09页）

短尾乌贼一出生，就会用外套膜吸入和喷出海水。同时，在发光器官的入口处，一些微小的纤毛开始蠕动，产生一股小小的水流，吸引细菌进入身体里。

证据表明，短尾乌贼和费氏弧菌在共同进化，它们可是数百万年的好朋友。它们还会说一种特殊的分子语言。光也是一种语言。如果费氏弧菌不发光，短尾乌贼就会把它们驱逐到海水里。

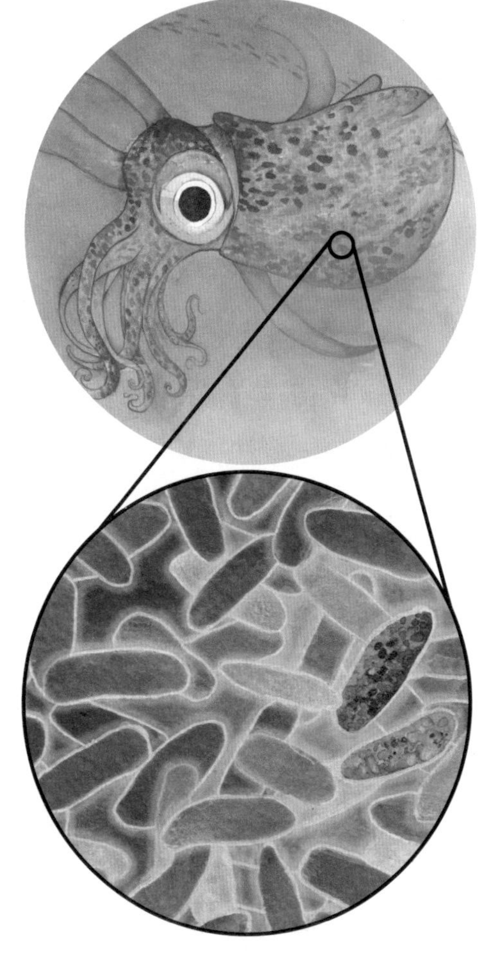

费氏弧菌在所有生命的科学分类中处于什么位置？

域：细菌

门：变形菌门

纲：γ-变形菌纲

目：弧菌目

科：弧菌科

属：另类弧菌属

种：费氏弧菌

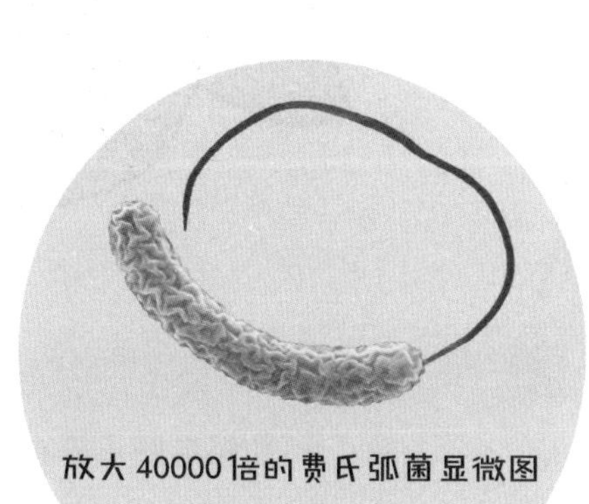

放大40000倍的费氏弧菌显微图

看看夏威夷短尾乌贼的身体内部

夏威夷短尾乌贼，生活在夏威夷群岛的沙质浅水区。它们很小，小到可以放在你的手里，就算是一只成年乌贼，也只有4–5厘米长。它们的身体非常柔软，没有内骨骼，也没有外壳。

头足类动物的英文名字Cephalopod来源于希腊语，cephalo是头的意思，pod是脚的意思。这意味着章鱼和乌贼的脚（带吸盘的腕）都和头相连。

头足类动物，包括乌贼和章鱼，都有8条带吸盘的腕、3颗心脏、1对鳃和1个墨囊（少数例外）。

乌贼还有2个肉鳍、2条触腕（较长的腕，末端有吸盘）和一些色素细胞（变色细胞）。

夏威夷短尾乌贼在所有生命的科学分类中处于什么位置？

域：真核生物

界：动物界

门：软体动物门

纲：头足纲

目：乌贼目

科：乌贼科

属：四盘耳乌贼属

种：夏威夷短尾乌贼

克里斯·弗雷泽 摄

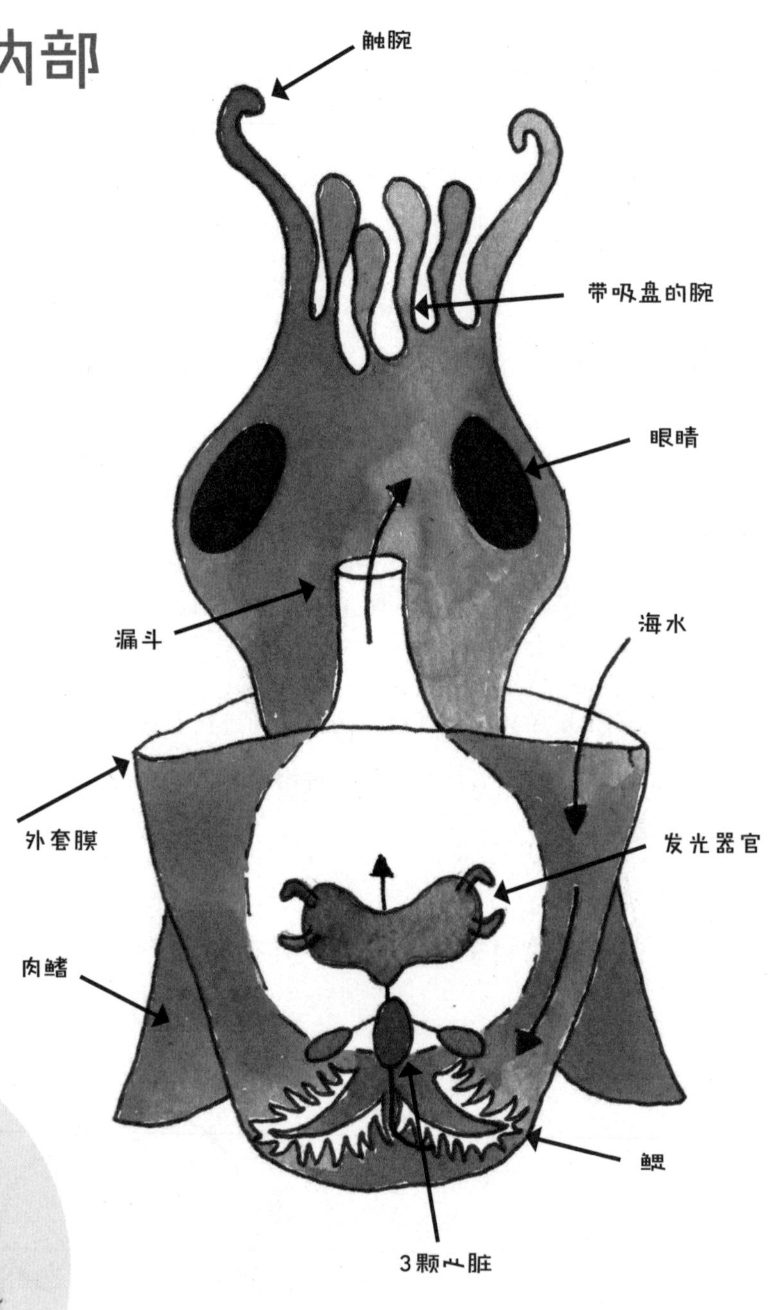

如果乌贼暴露在空气中，它的血液会变成蓝色。

去往短尾乌贼身体中心部位的旅程

这是细菌进入短尾乌贼身体的地方。开口太小啦，一次只能穿过几个费氏弧菌。只要游进去，它们就会经过一条隧道，穿过蠕动的纤毛，来到发光器官的一个腔室。

“她们一起努力地向前游，你帮我，我帮你，终于穿过了可怕的黏液，进入短尾乌贼的身体里。”（第10页）

为了穿过浓稠的黏液，费氏弧菌必须团结起来，集合在一起，形成紧密的团块，一起向前游。科学家认为，它们配合得非常出色，协调得非常好，所以它们是黏液中最庞大的家族，比其他所有的细菌都要多。

“导管两旁布满微小的蠕动的纤毛，她们必须逆流而行。”（第14页）

这些纤毛就像小手臂，可以把黏液从短尾乌贼体内挤出。费氏弧菌必须是游泳健将，才能对抗纤毛产生的水流。

“她们终于找到了一个导管的入口，入口非常狭窄，她们只能排队躲进里面。”（第14页）

这条导管是进入发光器官的通道之一。通常，发光器官的每一侧都有3个这样的导管。

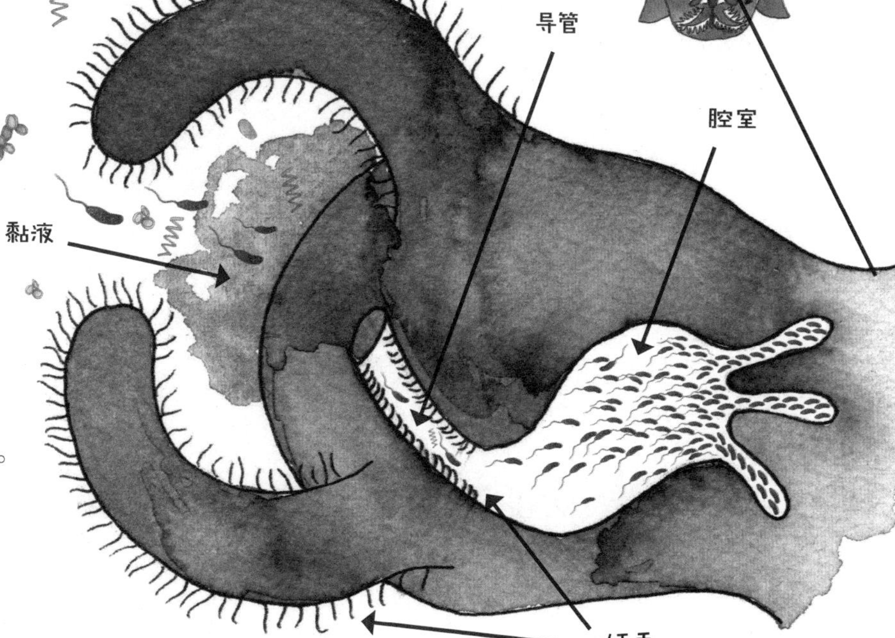

短尾乌贼如何利用发光的细菌做隐形衣？

短尾乌贼生活在浅水水域，白天躲在沙子里睡觉，晚上出来觅食。夜晚，月光把海水照得透透的，短尾乌贼很容易被发现，受到捕食者的攻击。

如果没有费氏弧菌帮短尾乌贼发光，上面的捕食者，比如僧海豹，就会看到它在沙滩上的影子。

短尾乌贼的发光器官很像手电筒。它上半身覆盖着反光组织，能向下反射费氏弧菌发出的光。

如果没有费氏弧菌，下面的捕食者，比如蜥蜴鱼，也会看到上面短尾乌贼的轮廓。

短尾乌贼的眼睛很大，对光线的变化非常敏感。如果云遮住了月亮，它很快就能探测到，然后把墨汁注入发光器官下面的囊里，控制光的强度。

阿里和迈伊这样的费氏弧菌发出的光和月光的亮度是一样的，能帮短尾乌贼变出一件隐形衣，让它整夜都可以安全地捕食虾、鱼和蠕虫……要么享用自己的晚饭，要么变成别人的晚饭，这就是区别！

有费氏弧菌	没有费氏弧菌

白天睡觉，晚上觅食

短尾乌贼与费氏弧菌的关系，一天到晚都在变化。

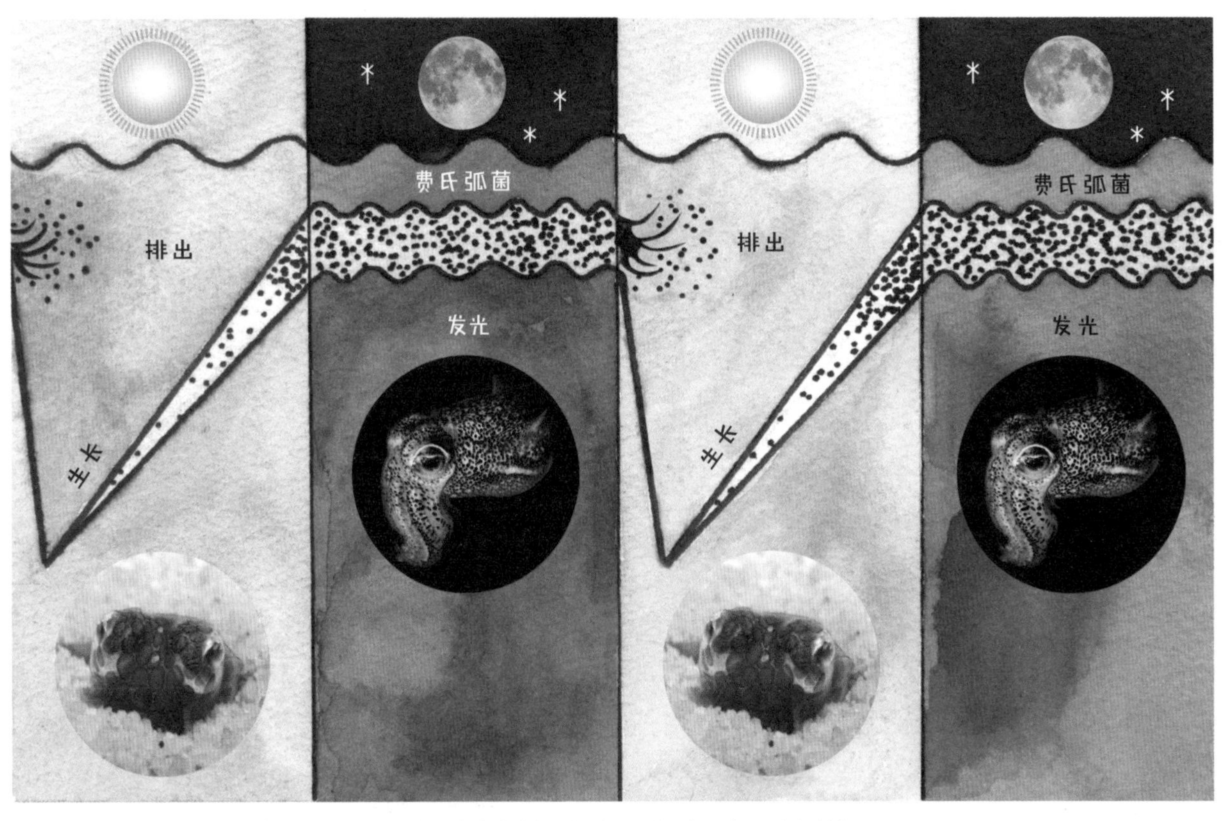

沙子里的短尾乌贼——瑞安·皮尔森拍摄。发光的短尾乌贼——托德·布雷特尔拍摄。

“太完美了！她可以在这里繁殖子细胞。”（第16页）

费氏弧菌到达发光器官后，它们的鞭毛就消失了，因为它们不再需要游泳了。然后，它们开始享用乌贼提供的丰富的食物，并在这里繁衍后代。15个小时内，就会有数十万的费氏弧菌，随时准备发光。

“跟我来，”迈伊说，“我以前成功过呢！”（第04页）

每天早晨，当短尾乌贼睡着时，会将约95%的费氏弧菌排到海水中。排出来的费氏弧菌要艰难地度过足够长的时间，直到找到一只新的短尾乌贼宝宝，进入它的身体继续生活。

短尾乌贼睡觉时，留下来的费氏弧菌会继续吃短尾乌贼提供的食物。它们繁殖得很快，分裂出新的子细胞，重新把发光器官装满，准备晚上再次发光。

费氏弧菌是如何相互交流的？

费氏弧菌不断地用小分子交谈——有些分子能“说话”，有些分子可以“听到”。不过，当费氏弧菌在海水中分散开来，密度很低时，能“说话”的分子发出的信号很弱，无法被“听到”。但当成千上万的费氏弧菌填满短尾乌贼的发光器官，密度很高时，分子的“说话”声就可以被清晰地“听到”。

分子间的“说和听”叫作“群体效应”。这样一来，就算是小小的单细胞细菌，也可以通过协调彼此间的活动，享受只有多细胞生物，比如动物和植物，才能享受到的好处。通过团队合作，大家合力完成自己做不到的大事，比如照亮一只短尾乌贼！

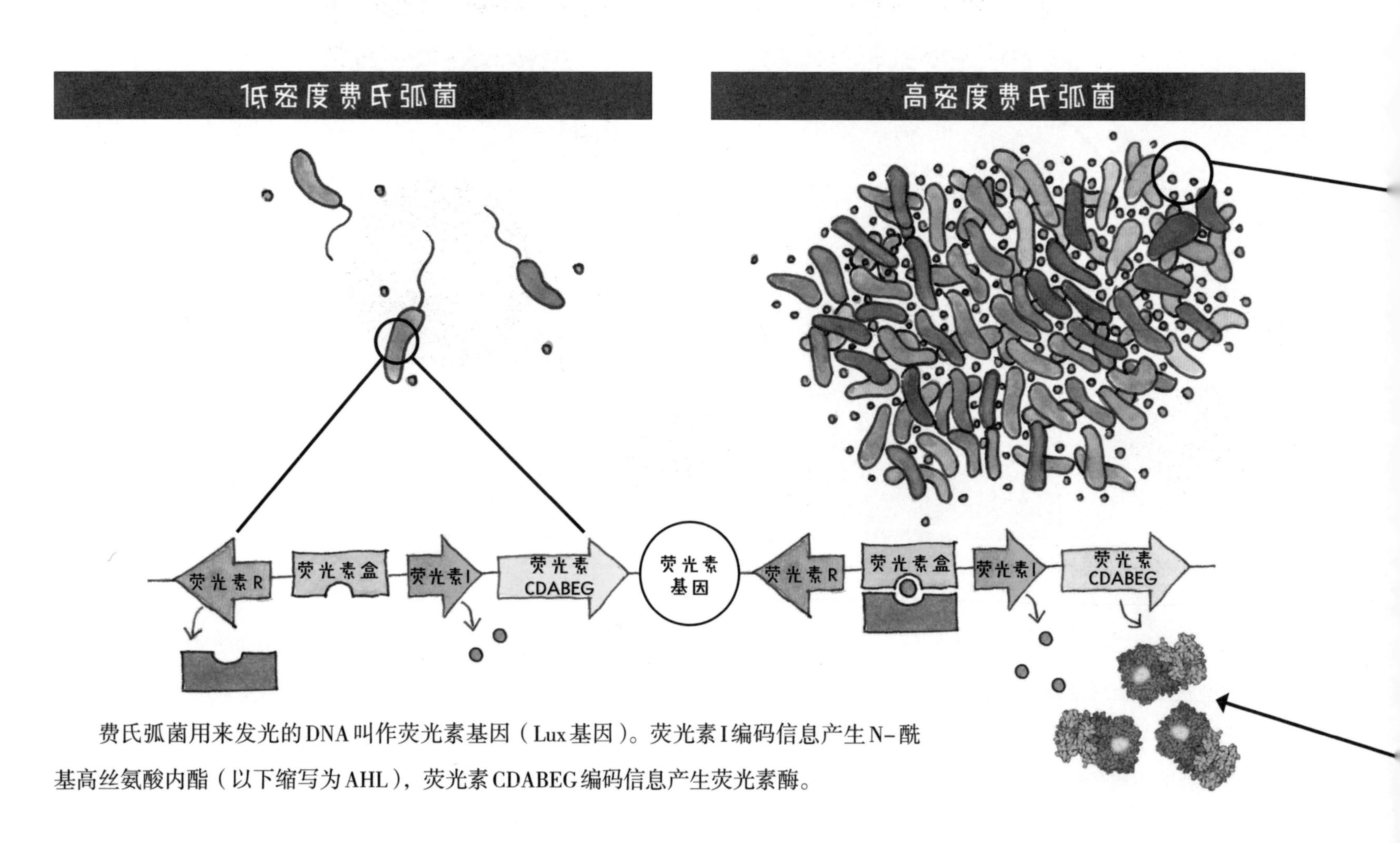

费氏弧菌用来发光的DNA叫作荧光素基因（Lux基因）。荧光素I编码信息产生N-酰基高丝氨酸内酯（以下缩写为AHL），荧光素CDABEG编码信息产生荧光素酶。

费氏弧菌如何发光？

生命在进化的过程中，让身体发光的小把戏已经出现过很多次。比如细菌、真菌、海葵、鞭毛藻类和萤火虫等，都会发光。

在费氏弧菌的身体里，发光的信号是AHL。

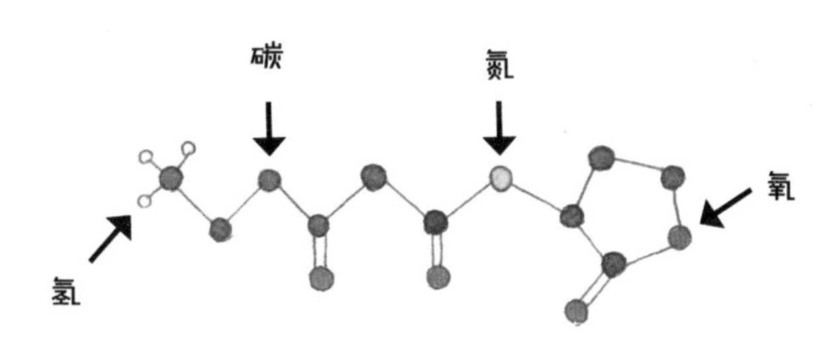

N-酰基高丝氨酸内酯

“说话”分子（如AHL）被称为诱导体，“听到”分子被称为受体。一旦“说话”分子被“听到”，一个连锁反应就开始了，许多基因，如荧光素基因，就会在费氏弧菌细胞内被激活。

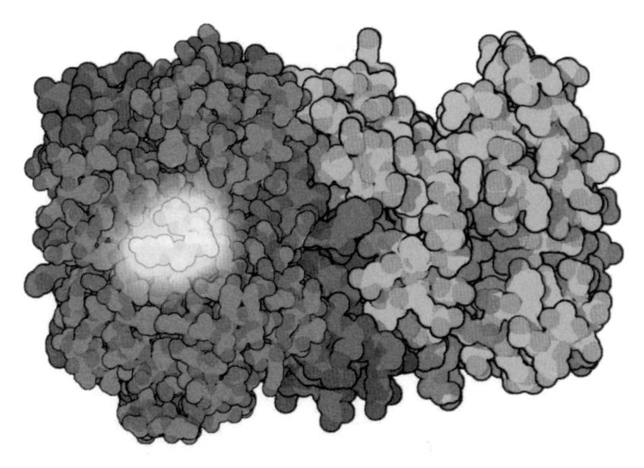

荧光素酶　图片改编自大卫·S.古德塞尔的蛋白质数据库。

荧光素酶是一种发光酶，存在于所有会发光的生物体内。它需要规律的能量和氧气供应以保持夜间发光。

荧光素酶用于发光的化学反应总结如下。

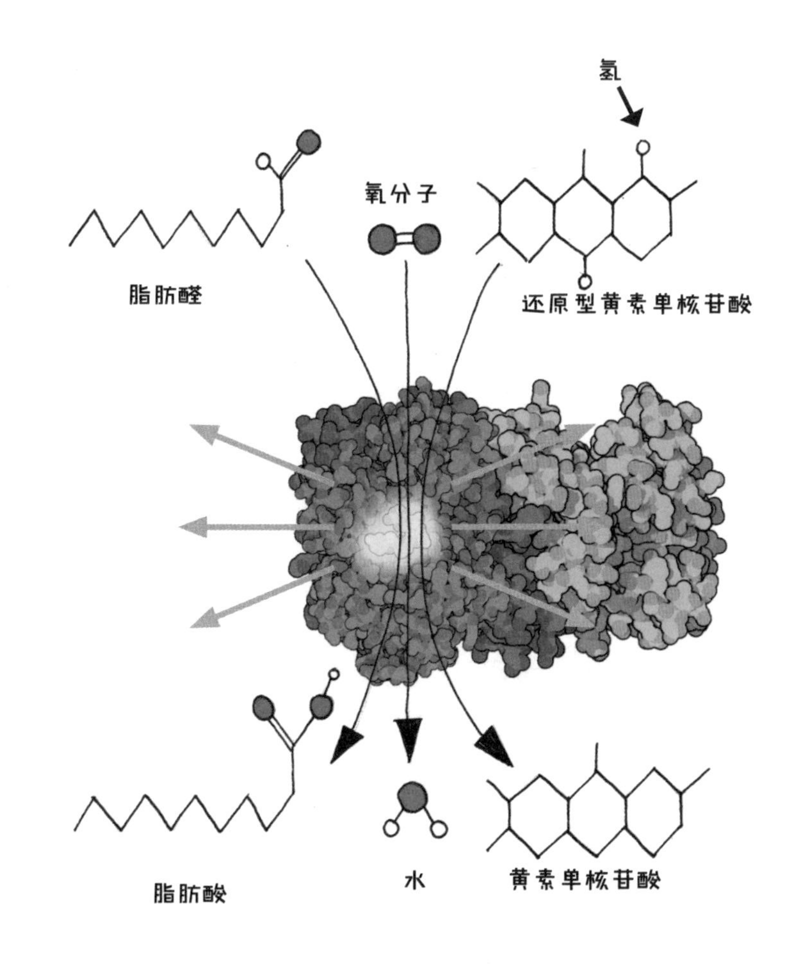

还原型黄素单核苷酸是一种分子，它提供能量，如氢，来驱动这种发光反应。

书中的小主角有多小？

费氏弧菌（长1微米）

- 第一部分的主人公
- 单细胞发光细菌
- 可以用它们的鞭毛在水中游动

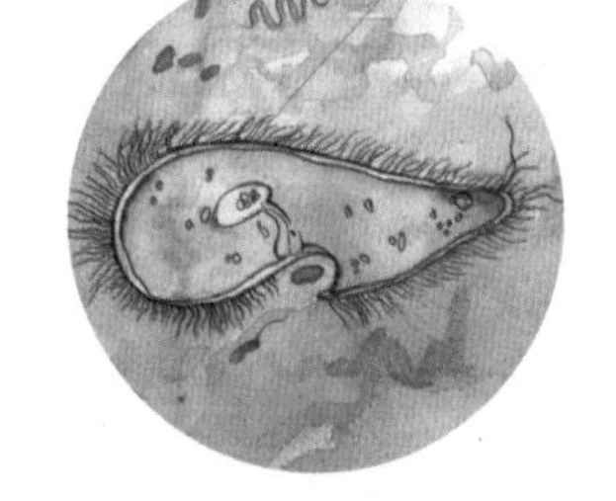

原生动物（长100微米）

- 差点儿吃掉阿里
- 以细菌为食的单细胞生物
- 有的原生动物有数百根鞭毛，推动着它运动

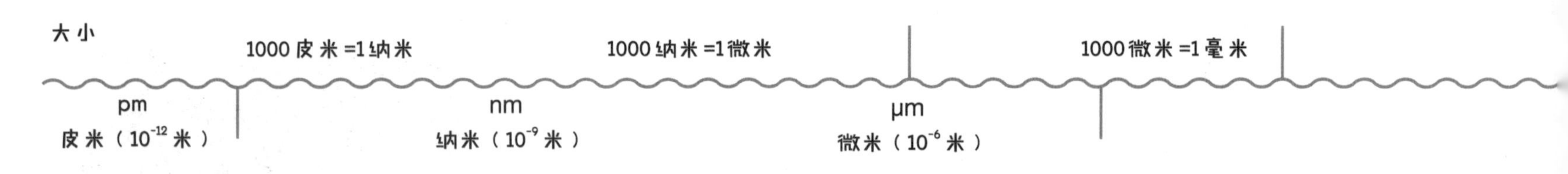

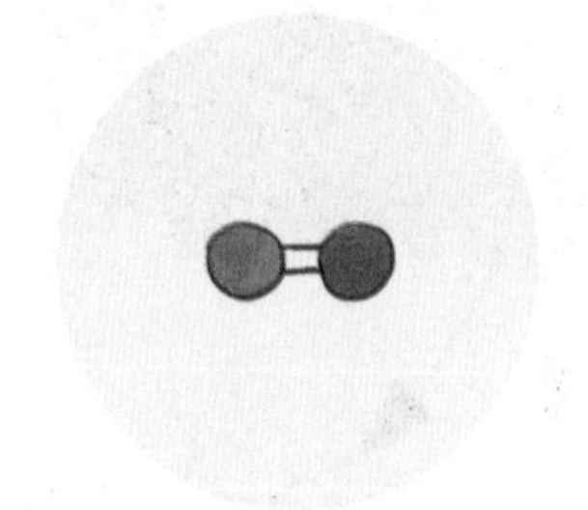

氧气（直径66皮米）

- 可以与其他化学物质混合在一起，杀死像阿里这样的细菌
- 一种占地球大气约20.9%的气体
- 一个氧分子由两个氧原子构成

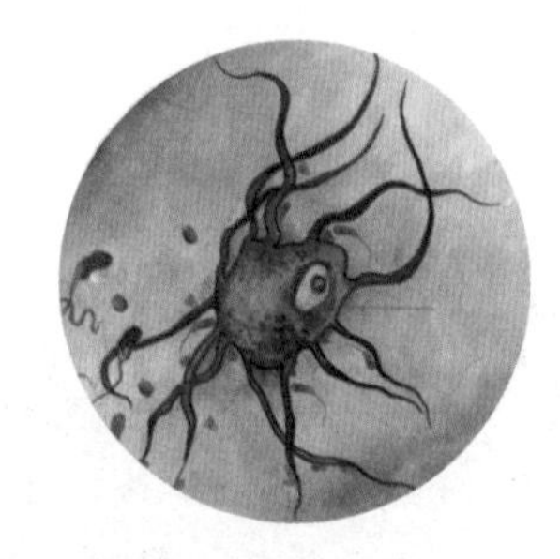

吞噬细胞（直径10微米）

- 威胁要杀死阿里的朋友
- 能吞噬整个细菌
- 能识别费氏弧菌，但是不会攻击它们

塞皮奥

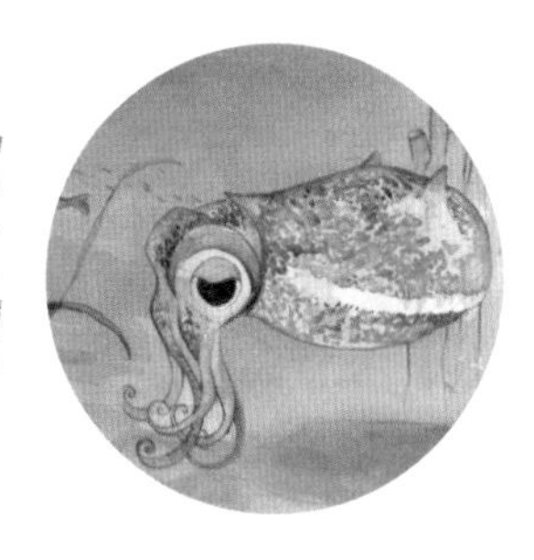

短尾乌贼（长20毫米）

- 第二部分的主人公
- 夜间活动的小型头足类动物
- 有3颗心脏
- 可以存活10个月

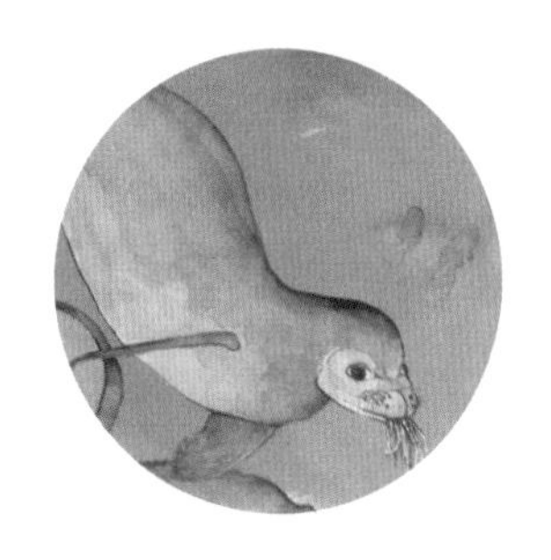

夏威夷僧海豹（长2米）

- 吃了很多塞皮奥的兄弟姐妹
- 极度濒危物种
- 生活在夏威夷群岛

月球（直径约3500千米）

- 照亮海洋，意味着捕食者可以看到塞皮奥
- 绕地球运行的天然卫星
- 可能是在45亿年前一次巨大的撞击后，由地球碎片形成的

1000毫米=1米

1000米=1千米

mm
毫米（10^{-3}米）

m
米

km
千米

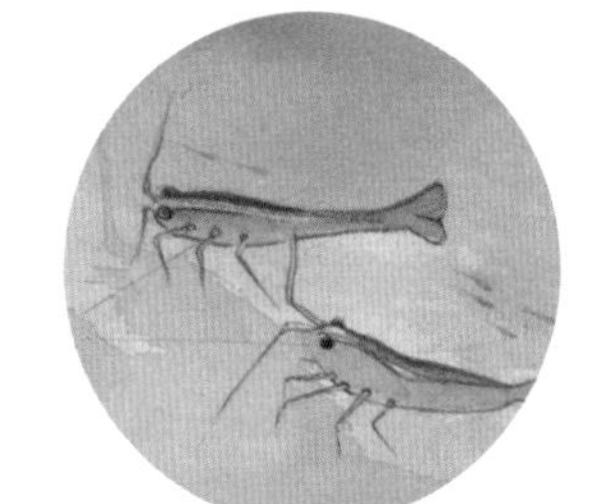

虾（长10毫米）

- 塞皮奥的天然食物
- 以海洋中微小的藻类和浮游生物为食

蜥蜴鱼（长400毫米）

- 要吃掉塞皮奥
- 一种生活在水底的鱼，善于伪装
- 嘴里有一圈尖利的牙齿，舌头上也有牙齿一样的利刺

术语表

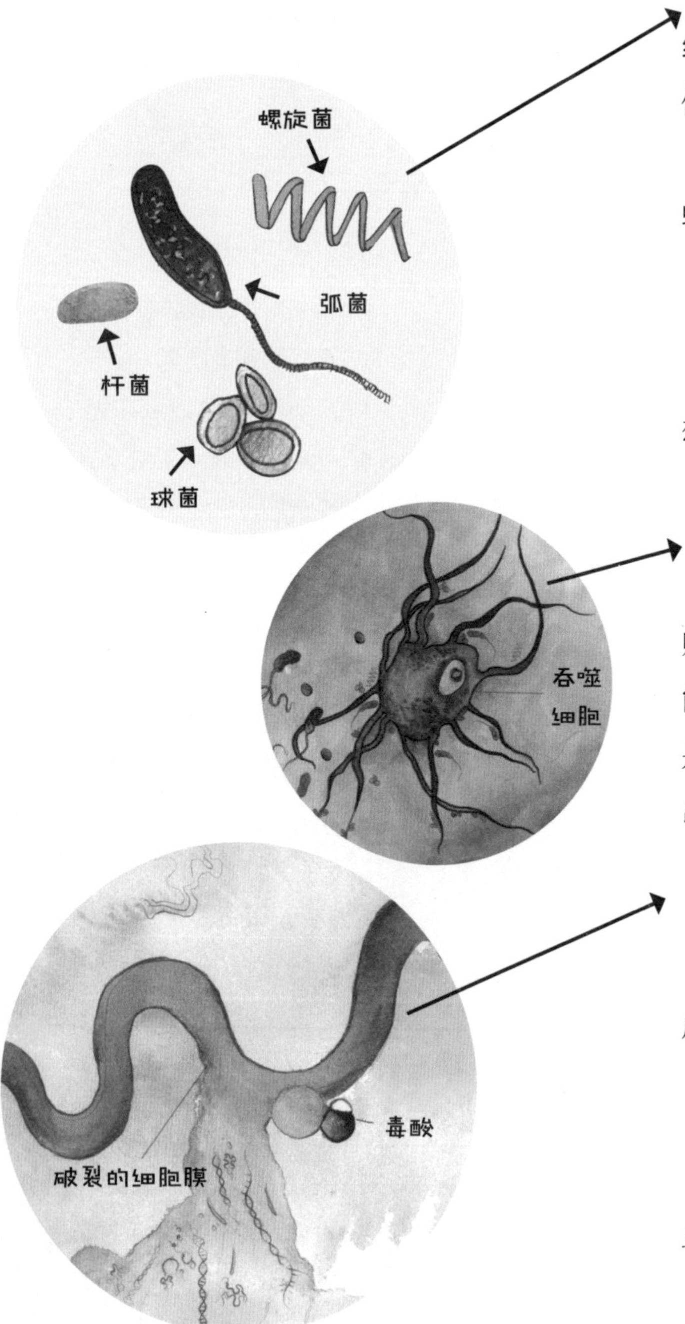

细菌

细菌是微小的生物体，通常长1至2微米（1毫米等于1000微米）。细菌是最小的单细胞微生物。科学家已经把数千种不同的细菌分了类，但人们认为可能存在数百万种细菌。

细菌有许多不同的形状和大小，包括杆菌（杆状）、球菌（球形）、螺旋菌（螺旋状）和弧菌（逗号状）。

子细胞

像费氏弧菌这样的细菌，通过分裂成两个子细胞产出新细胞。在理想的条件下，费氏弧菌每30分钟就可以分裂1次。

吞噬细胞

短尾乌贼的血液中有一种保护它的吞噬细胞。吞噬细胞巡视短尾乌贼的发光器官，杀死细菌（费氏弧菌除外）。它们约是细菌的10倍大，能与细菌结合，也能把细菌整个吞下，这叫作吞噬作用。不过吞噬细胞是怎么识别出费氏弧菌的呢？目前还不清楚。一种理论称，它们能识别出费氏弧菌细胞膜中的一种蛋白质，然后让费氏弧菌通行。

细胞膜

细胞膜是细菌的外部边界或“皮肤”。它把活细菌细胞的所有重要成分，包括DNA、蛋白质、酶、水等都保存在细胞内。

分子

分子是由两个或多个原子通过化学键结合而成的。有些分子又小又简单，如氧分子（O_2）和水分子（H_2O）；有些分子则很大很复杂，如DNA。

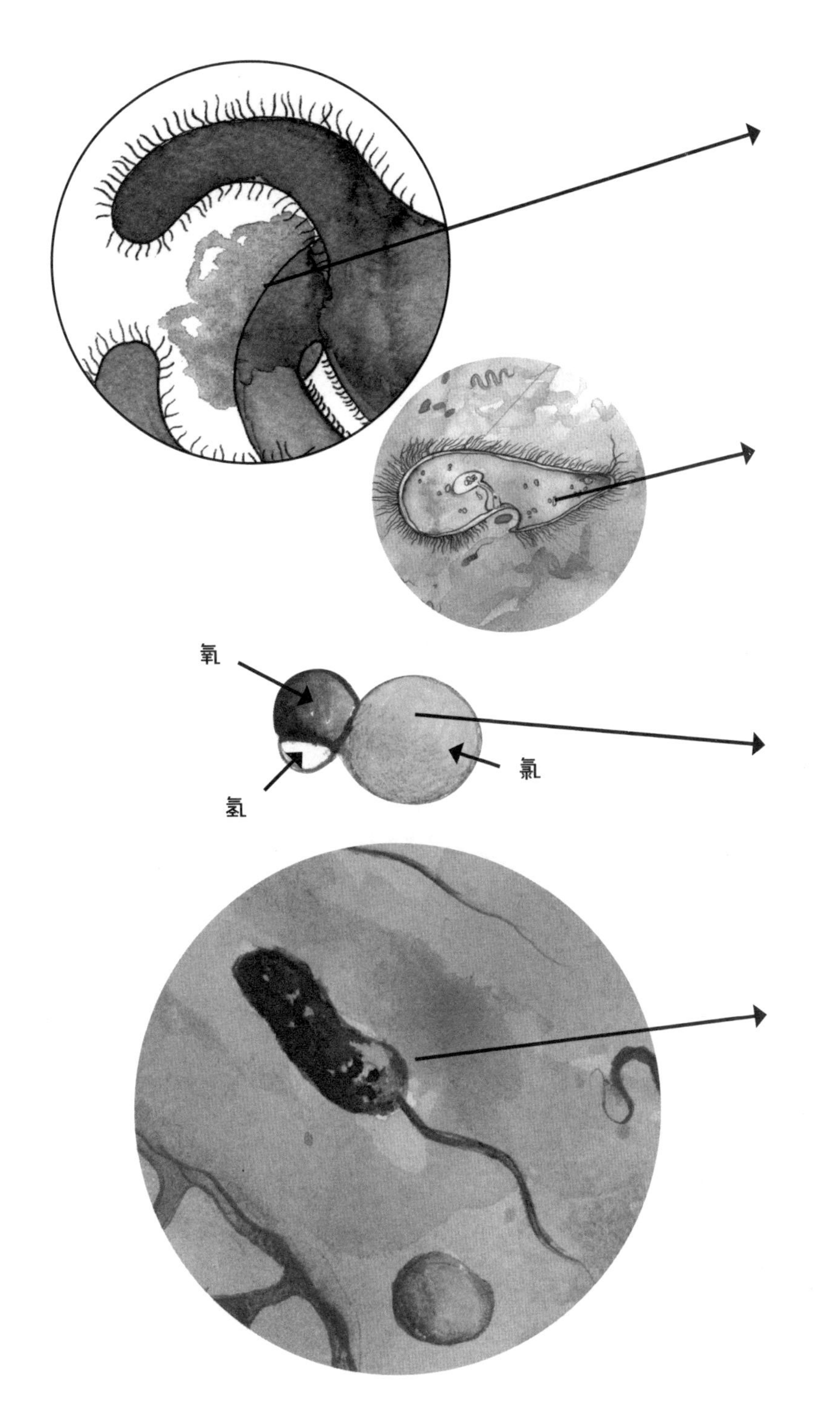

黏液

黏液是一种含水的糊状物，富含糖和蛋白质。所有的动物都会制造黏液，为有益的微生物提供住所，过滤掉病原体、不需要的微生物，以及灰尘等。短尾乌贼在生命的最初几天，会不断排出这种黏液。黏液里面有很多的壳二糖，对费氏弧菌来说，简直太诱人了。

原生动物

原生动物和细菌一样，也是单细胞生命体。不过，原生动物可比细菌大得多，并且经常把细菌当美餐。许多原生动物，如草履虫，身上被纤毛覆盖。草履虫用纤毛推着自己移动，还会用纤毛把猎物扫进嘴里。

毒酸

故事中提到的毒酸叫作次氯酸（HClO）。任何细菌对它都没有抵抗力。

人们认为费氏弧菌可能是靠吸收掉所有的氧气来阻止毒酸形成的。

费氏弧菌

费氏弧菌是一种能发光的细菌。一些细菌，包括许多种类的弧菌，都有一个小尾巴，称为鞭毛，它能帮助这些细菌游动。

故事背景

这个故事发生在夏威夷群岛周围的浅水区，那里生活着夏威夷短尾乌贼。

在印度尼西亚和澳大利亚一些地方，人们发现费氏弧菌可以和一些其他种类的乌贼形成共生关系，甚至还可以和鱼类形成共生关系。然而，鱼类发光不仅仅是为了伪装，还能引诱猎物，吓跑捕食者，或吸引配偶等。

孔若妮　摄

创作团队

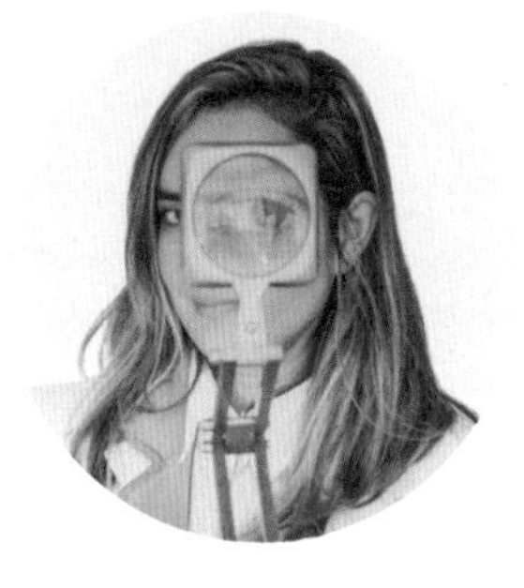

布里奥妮·巴尔

概念艺术家

自由标度网络艺术总监兼联合总监

布里奥妮利用她的技巧，对微观世界进行科学探索，使复杂的生态系统和看不见的世界可视化。

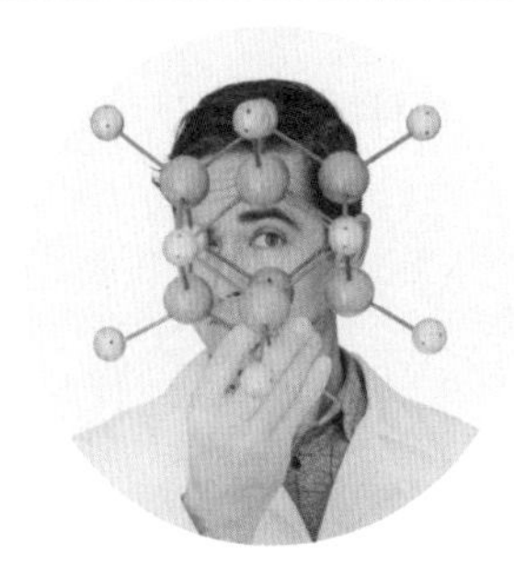

格里高利·克罗塞蒂博士

微生物生态学家

自由标度网络科学总监兼联合总监

格里高利将微生物学和科学教育技能相结合，告诉人们微生物是多么了不起。

阿维娃·里德

插画家、艺术家、视觉生态学家

阿维娃通过绘画和装置艺术，探索复杂的科学领域。

艾尔莎·怀尔德

作家

艾尔莎创作戏剧和图书故事。她喜欢与演员、科学家和儿童合作。

她最喜欢的问题：但是，这是为什么呢？

马托·卢卡斯　摄

我的微生物朋友系列（共4册）

本系列讲述的是微生物和更大的生命体之间的共生关系。

每一个故事，都是由核心创意团队在科学家、老师和学生的支持和反馈下共同完成的。

《我的微生物朋友：海洋的秘密》

一个关于短尾乌贼与费氏弧菌共生的故事，这种弧菌能帮助乌贼在月光下发光。

《我的微生物朋友：土壤里的王国》

一个关于在黑暗的土壤中生活的微生物的故事，一棵树痛苦地呼救，一些意想不到的英雄前来营救。

《我的微生物朋友：珊瑚的世界》

这本插图精美的科学冒险书，讲的是以大堡礁为背景，关于珊瑚白化的故事。本书由大堡礁上最小的生物为您讲述。

《我的微生物朋友：真菌地球》

一个关于真菌如何塑造地球的故事，由一个微小的真菌孢子讲述。